空间结构系列图书

建筑索结构节点设计
技术指南

主　编　张毅刚

副主编　陈志华　刘　枫

中国建筑工业出版社

图书在版编目（CIP）数据

建筑索结构节点设计技术指南/张毅刚主编. —北京：中国建筑
工业出版社，2019.4（2023.4重印）
（空间结构系列图书）
ISBN 978-7-112-23467-7

Ⅰ.①建… Ⅱ.①张… Ⅲ.①悬索结构-节点-结构设计-指南
Ⅳ.①TU351-64

中国版本图书馆 CIP 数据核字（2019）第 047408 号

本指南系统阐述了建筑索结构节点的设计方法，包括8章内容。第1章介绍
了建筑索结构类型和拉索节点的基本概况；第2章介绍了建筑索节点类型；第3
章给出了建筑索结构节点材料的选用原则与要求；第4章给出了索节点设计的一
般原则、数值分析原则以及防腐、防火设计；第5、6、7、8章分别给出了螺杆连
接节点、索夹节点、耳板式节点和可滑动节点的承载力验算方法、构造要求、制
作和施工要求；附录列出了常用索体性能参数和常用锚具型号及其尺寸参数。

本书可供土木工程相关专业的设计和研究人员、大学教师、研究生、高年级
本科生参考使用。

责任编辑：刘瑞霞　武晓涛
责任校对：芦欣甜

空间结构系列图书
建筑索结构节点设计技术指南
主　编　张毅刚
副主编　陈志华　刘　枫
*
中国建筑工业出版社出版、发行（北京海淀三里河路9号）
各地新华书店、建筑书店经销
北京科地亚盟排版公司制版
北京建筑工业印刷厂印刷
*
开本：787×1092毫米　1/16　印张：6¾　字数：167千字
2019年4月第一版　2023年4月第三次印刷
定价：**30.00**元
ISBN 978-7-112-23467-7
（33767）

序 言

中国钢结构协会空间结构分会自1993年成立至今已有二十多年，发展规模不断壮大，从最初成立时的33家会员单位，发展到遍布全国各个省市的500余家会员单位。不仅拥有从事空间网格结构、索结构、膜结构和幕墙的大中型制作与安装企业，而且拥有与空间结构配套的板材、膜材、索具、配件和支座等相关生产企业，同时还拥有从事空间结构设计与研究的设计院、科研单位和高等院校等，集聚了众多空间结构领域的专家、学者以及企业高级管理人员和技术人员，使分会成为本行业的权威性社会团体，是国内外具有重要影响力的空间结构行业组织。

多年来，空间结构分会本着积极引领行业发展、推动空间结构技术进步和努力服务会员单位的宗旨，卓有成效地开展了多项工作，主要有：（1）通过每年开展的技术交流会、专题研讨会、工程现场观摩交流会等，对空间结构的分析理论、设计方法、制作与施工建造技术等进行研讨，分享新成果，推广新技术，加强安全生产，提高工程质量，推动技术进步。（2）通过标准、指南的编制，形成指导性文件，保障行业健康发展。结合我国膜结构行业发展状况，组织编制的《膜结构技术规程》为推动我国膜结构行业的发展发挥了重要作用。在此基础上，分会陆续开展了《膜结构工程施工质量验收规程》《建筑索结构节点设计技术指南》《充气膜结构设计与施工技术指南》《充气膜结构技术规程》等的编制工作。（3）通过专题技术培训，提升空间结构行业管理人员和技术人员的整体技术水平。相继开展了膜结构项目经理培训、膜结构工程管理高级研修班等活动。（4）搭建产学研合作平台，开展空间结构新产品、新技术的开发、研究、推广和应用工作，积极开展技术咨询，为会员单位提供服务并帮助解决实际问题。（5）发挥分会平台作用，加强会员单位的组织管理和规范化建设。通过会员等级评审、资质评定等工作，加强行业管理。（6）通过举办或组织参与各类国际空间结构学术交流，助力会员单位"走出去"，扩大空间结构分会的国际影响。

空间结构体系多样、形式复杂、技术创新性高，设计、制作与施工等技术难度大。近年来，随着我国经济的快速发展以及奥运会、世博会、大运会、全运会等各类大型活动的举办，对体育场馆、交通枢纽、会展中心、文化场所的建设需求极大地推动了我国空间结构的研究与工程实践，并取得了丰硕的成果。鉴于此，中国钢结构协会空间结构分会常务理事会研究决定出版"空间结构系列图书"，展现我国在空间结构领域的研究、设计、制作与施工建造等方面的最新成果。本系列图书拟包括空间结构相关的专著、技术指南、技术手册、规程解读、优秀工程设计与施工实例以及软件应用等方面的成果。希望通过该系列图书的出版，为从事空间结构行业的人员提供借鉴和参考，并为推广空间结构技术、推动空间结构行业发展做出贡献。

中国钢结构协会空间结构分会　理事长

空间结构系列图书编审委员会　主任

薛素铎

2018 年 12 月 30 日

本书编委会

主　编：张毅刚

副主编：陈志华　刘　枫

编　委：（姓氏拼音为序）

　　　　曹正罡　邓　华　黄　颖　李海旺　梁存之　刘　健
　　　　刘　伟　刘红波　罗　斌　罗永峰　宁艳池　任俊超
　　　　孙国军　王泽强　吴金志　张国军　赵　波　周　健
　　　　周黎光　朱万旭

前　言

建筑索结构以其轻盈的体态、合理的受力与优美的造型，吸引了建筑师和结构工程师们的共同关注。近二十年来，我国建筑索结构工程需求与实际工程数量实现了跳跃式增长，张弦结构、弦支穹顶、索穹顶、单索结构及横向加劲索系、索网结构、双层索系、斜拉结构等结构体系相继在我国大型实际工程中推广应用。在这样的背景下，中国钢结构协会空间结构分会 2010 年在东莞成立了索结构专业组，当时张毅刚教授担任主任委员，本人和其他几位专家担任副主任委员，每年都组织全国索结构技术交流会或者典型索结构工程现场观摩会等活动，积极研讨索结构的分析理论、建造技术以及索具制作等科学技术内容，推动建筑索结构的快速健康发展。

随着建筑索结构的广泛应用，工程技术人员越来越认识到索节点设计是索结构工程设计的一个关键环节，不仅直接影响建筑美观和结构合理性，更密切关系到工程的成本造价、施工周期及安全等各方面。虽然《索结构技术规程》JGJ 257 及《预应力钢结构技术规程》CECS 212 都涉及索节点的内容，但只给出了一些索节点的基本构造做法，也没有统一标准，更缺少详细的设计分析计算方法，远不能解决工程实践的问题。

为了使广大工程技术人员更好地掌握索节点设计技术，并响应空间结构分会编制"空间结构系列图书"计划号召，中国钢结构协会空间结构分会索结构专业组在二届二次会议上，研究决定启动《索结构节点构造详图》标准图集的编制立项工作；在二届三次会议上，对已初步形成的标准图集编制立项报告初稿进行了深入的讨论；由于立项问题以及编制内容的细化变更，在二届四次会议上，暂停了标准图集的编制工作，同时启动了《建筑索结构节点设计技术指南》（以下简称指南）的编制工作，成立了指南编委会：邀请第一届索结构专业组主任委员张毅刚担任主编，副主任刘枫和我担任副主编，索结构专业组部分委员及相关单位的技术负责人参与编写，经过编委会集体讨论确定了指南的编写大纲。

指南全书包括建筑索结构简介、节点类型与选型、节点材料、节点设计原则、螺杆连接节点、索夹节点、耳板式节点、可滑动节点八章内容。邓华、王泽强、曹正罡、周黎光、朱万旭等编写第 1 章，介绍了建筑索结构类型、索体、锚具、拉索的工厂张拉及检验、索结构施工；刘红波、陈志华、周黎光、王泽强、周健、黄颖、宁艳池、赵波、罗永峰等编写第 2 章，按照索与索的连接、索与刚性构件的连接、索与支承构件的连接、索与围护结构的连接分类，介绍了建筑索节点类型；李海旺、张国军、曹正罡、孙国军等编写第 3 章，在热轧钢材、铸钢材料、高强螺栓连接材料、焊接连接材料、索夹材料、涂装材料等方面，给出了各自的选用原则与要求；吴金志、曹正罡、梁存之、孙国军等编写第 4 章，给出了索节点设计的一般原则、数值分析原则以及防腐与防火设计；梁存之、罗斌、任俊超等编写第 5 章；罗斌、刘健、朱万旭、刘红波、黄颖等编写第 6 章；罗斌、周健、刘红波、宁艳池等编写第 7 章；任俊超、宁艳池、刘伟等编写第 8 章，分别给出了螺杆连接节点、索夹节点、耳板式节点、可滑动节点的承载力验算方法、构造要求、制作和施工要求；朱万旭、黄颖、宁艳池、刘伟、任俊超等完成附录的编写，列出了常用索体性能参数和常用锚具型号及其尺寸参数。以上各章节编写小组的第一名即是各章的负责人。指南编写过程中，进行了多次专题编写工作会议，集中讨论确定编写思路和关键技术内容。针对各章节的稿件，张毅刚教授和刘枫研究员等分别进行了完善和全面系统的梳理。指南的编写得到了空间结构分会理事长暨系列图书主编薛素铎教授的支持，空间结构分会秘书长吴金志和索结构专业组秘书孙国军为本指南的编写做了大量工作。我国空间结构相关企业特别是以下索结构的骨干单位为本指南的编写和出版给予了大力支持：巨力索具股份有限公司、广东坚朗股份五金制品有限公司、北京市建筑工程研究院有限责任公司、南京东大现代预应力工程有限责任公司和柳州欧维姆机械股份有限公司等。

希望本指南的出版能够进一步推动建筑索结构技术的蓬勃发展。

由于编撰时间相对仓促，疏漏之处在所难免，敬请广大读者批评指正。

索结构专业组主任委员　陈志华

2019 年 1 月

目　　录

第1章　建筑索结构简介 ……………………………………………… 1

1.1　建筑索结构的形式、特点和基本要求 …………………………… 1

1.2　单索结构及横向加劲索系 ………………………………………… 3

1.3　索网结构 …………………………………………………………… 4

1.4　双层索系 …………………………………………………………… 4

1.5　斜拉结构 …………………………………………………………… 7

1.6　张弦结构 …………………………………………………………… 8

1.7　弦支穹顶 …………………………………………………………… 10

1.8　索穹顶 ……………………………………………………………… 12

1.9　其他索结构形式 …………………………………………………… 13

1.10　索体 ……………………………………………………………… 15

1.11　锚具 ……………………………………………………………… 18

1.12　拉索的工厂张拉及检验 ………………………………………… 20

1.13　索结构施工 ……………………………………………………… 22

参考文献 ………………………………………………………………… 24

第2章　节点类型与选型 ……………………………………………… 26

2.1　一般规定 …………………………………………………………… 26

2.2　索与索的连接节点 ………………………………………………… 26

2.3　索与刚性构件的连接节点 ………………………………………… 28

2.4　索与支承构件的连接节点 ………………………………………… 33

2.5　索与围护结构的连接节点 ………………………………………… 34

参考文献 ………………………………………………………………… 35

第3章　节点材料 ……………………………………………………… 37

3.1　节点材料选用基本原则 …………………………………………… 37

3.2　热轧钢材的选用方法与要求 ……………………………………… 38

3.3　铸钢材料的选用方法与要求 ……………………………………… 38

3.4　高强螺栓连接材料的选用方法与要求 …………………………… 39

3.5　焊接连接材料的选用方法与要求 ………………………………… 39

3.6　索夹材料的选用方法与要求 ……………………………………… 39

3.7　其他连接构件的材料选用方法与要求 …………………………… 40

3.8　涂装材料的选用原则 ……………………………………………… 41

3.9 附表 ································· 41

参考文献 ································· 45

第4章 节点设计原则 ································· 46

4.1 一般原则 ································· 46

4.2 数值分析原则 ································· 46

4.3 防腐与防火 ································· 47

参考文献 ································· 48

第5章 螺杆连接节点 ································· 49

5.1 一般原则 ································· 49

5.2 承载力验算 ································· 52

5.3 构造与施工要求 ································· 54

参考文献 ································· 55

第6章 索夹节点 ································· 57

6.1 一般原则 ································· 57

6.2 强度承载力验算 ································· 58

6.3 抗滑承载力验算与试验 ································· 59

6.4 构造和制作要求 ································· 60

6.5 施工要求 ································· 61

参考文献 ································· 61

第7章 耳板式节点 ································· 62

7.1 一般原则 ································· 62

7.2 耳板承载力验算 ································· 63

7.3 销轴承载力验算 ································· 65

7.4 构造要求 ································· 66

7.5 制作和施工要求 ································· 67

参考文献 ································· 68

第8章 可滑动节点 ································· 69

8.1 一般原则 ································· 69

8.2 承载力验算 ································· 70

8.3 构造要求 ································· 71

参考文献 ································· 72

附录A 常用索体性能参数 ································· 73

附录B 常用锚具型号及其尺寸参数 ································· 84

第1章 建筑索结构简介

1.1 建筑索结构的形式、特点和基本要求

1.1.1 索结构是用索作为主要受力构件而形成的结构体系。

1.1.2 用于建筑物的索结构形式丰富并不断发展，常用形式包括悬索结构（单层索系（单索结构、索网结构）、双层索系、横向加劲索系）、斜拉结构、张弦结构（弦支穹顶）、索穹顶等。

1.1.3 建筑索结构根据受力特点可分为刚性和柔性索结构：

（1）刚性索结构在荷载作用下满足小变形假定，如斜拉结构、张弦结构（弦支穹顶）等；

（2）柔性索结构的计算分析必须考虑几何非线性效应，各项荷载效应之间不再满足线性叠加原则，如悬索结构（单层索系、双层索系、横向加劲索系）、索穹顶等。

1.1.4 预应力是指非荷载效应的结构自平衡内力状态，是形成索结构初始应力的主要方式。预应力是对结构中所有构件内力（包括边界约束反力）的总体描述，而不是特指某个或某些构件的内力。索结构分析时，预应力作为一种独立效应与恒荷载、活荷载等各类荷载效应进行组合。

1.1.5 初始几何态、初始预应力态和荷载态是索结构设计和施工分析面临的三个基本状态。初始几何态指结构的加工放样状态。初始预应力态指在预应力施加完毕后结构的自平衡状态，是进行结构荷载效应分析的基础。荷载态是结构在外部荷载作用下的平衡状态。

1.1.6 索结构的初始预应力态应通过"找形"确定，即确保结构形状和预应力满足平衡关系的状态。根据平衡关系确定的初始预应力态应满足所有索单元受拉的条件，同时预应力提供的几何刚度能够确保结构形态的稳定性。

1.1.7 设计时，索结构的初始预应力态应综合考虑建筑造型、使用功能和受力合理的要求，通过反复试算确定。过于扁平的形态易在屋面形成积水或积雪，导致局部刚度减弱，"找形"时应避免形成此种形态。

1.1.8 索结构的预应力水平应根据结构受力特点和控制目标合理确定，预应力过高或过低都会对结构受力性能和经济性产生不利影响。

1.1.9 索必须存在初始拉应力才能参与结构工作。初始拉应力可以通过张拉形成，也可以由外荷载产生。初始拉应力的建立一般有以下方法：

（1）对索进行张拉；

（2）调节双层索系的连杆（索）长度；

（3）在单索上采用钢筋混凝土屋面板等重屋面，也可在屋面板上超载加荷并浇筑板缝，然后卸载，使索与钢筋混凝土板构成壳体屋面；

（4）在横向加劲索系中，对横向加劲构件的支座下压使其强迫就位，从而对纵向索建立预应力。

1.1.10 对边缘构件及支承结构进行合理布置，才能保证索结构预应力的可靠维持。索结构预应力的平衡方式有：

（1）结构预应力自平衡；

（2）利用斜拉索或斜拉杆通过地锚传至基础；

（3）通过边梁及其支承结构（如柱、框架、落地拱）传至基础。

1.1.11 索结构计算时，应考虑与支承结构的相互影响，宜采用包含支承结构的整体模型进行结构分析。

1.1.12 在永久荷载控制的荷载组合作用下，索结构中的索不得松弛；在可变荷载控制的荷载组合作用下，索结构不得因个别索的松弛而导致结构失效。

1.1.13 索结构通常对风荷载敏感。室外长拉索（长度大于50m）一般应考虑风振和雨振的影响，并根据需要设置适当的阻尼减振装置。

1.1.14 索结构最大挠度限值宜满足表1.1.14的要求。根据正常使用极限状态的验算要求，任何屋盖结构都必须具备相当的刚度以保证在外荷载作用下不发生较大的变形。这也表明，柔性索结构分析时虽然必须考虑几何非线性效应，但不能认为结构在荷载作用下允许出现过大的变形。

索结构最大挠度限值 表1.1.14

结构类型	最大挠度限值
单索屋盖	$l/200$（自初始几何态算起）
索网、双层索系、横向加劲索系屋盖；斜拉结构、张弦结构（弦支穹顶）、索穹顶屋盖	$l/250$（自初始预应力态算起）
曲面索网、双层索系玻璃幕墙及采光顶；张弦结构（弦支穹顶）玻璃采光顶	$l/200$（自初始预应力态算起）
单层平面索网玻璃幕墙	$l/45$

注：l——承重索跨度。

1.1.15 索构件通常有拉索和钢拉杆两种类型，其截面的验算应满足：

（1）索的抗拉力设计值应按下式计算：

$$F = \frac{F_{tk}}{\gamma_R}$$ （1.1.15-1）

式中：F——索的抗拉力设计值（kN）；

F_{tk}——索的极限抗拉力标准值（kN）；

γ_R——抗力分项系数，拉索取2.0；钢拉杆取1.7。

（2）索的承载力应按下式验算：

$$\gamma_0 N_d \leqslant F$$ （1.1.15-2）

式中：N_d——索承受的最大轴向拉力设计值（kN）；

γ_0——结构的重要性系数。

1.1.16 索结构一般需进行初始几何态（加工放样）分析和施工张拉全过程分析，应采取有效措施对可能的预应力偏差进行控制。

1.2 单索结构及横向加劲索系

1.2.1 单索结构一般由平行布置或辐射布置的单索构成。

(1) 平行布置的单索形成下凹的单曲率曲面（图1.2.1-1），适用于矩形或多边形的建筑平面。由于要满足屋面排水的要求，单索的两端一般不等高。为平衡单索的拉力，通常在支承单索的边柱外设斜拉索。

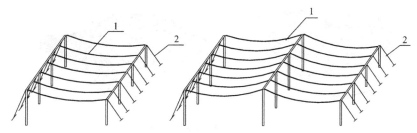

图1.2.1-1 平行布置的单索结构
1—承重索；2—斜拉索

(2) 辐射布置的单索适用于圆形、椭圆形建筑平面（图1.2.1-2），中心一般设置受拉环，方便多根索汇交。允许设置中心立柱时，可构成伞形曲面，便于排水。

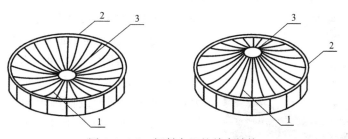

图1.2.1-2 辐射布置的单索结构
1—承重索；2—圈梁；3—中心受拉环

(3) 悬索结构中，单索的垂度一般为跨度的1/10~1/20。

1.2.2 单索的形状由屋面荷载的分布形式决定。当索上荷载沿跨度方向均布时，单索的形状为抛物线；当索上荷载沿索长方向均布时，单索的形状为悬链线。

1.2.3 单索体系必须依靠屋面重量来维持形状的稳定性，故一般采用钢筋混凝土屋面板等重屋面。

1.2.4 单索除采用钢索外，也可以采用劲性钢构件，如板带、型钢或桁架。

1.2.5 横向加劲索系形成空间受力体系，适用于矩形、多边形建筑平面，可采用轻型屋面（图1.2.5）。横向加劲索系的垂度一般为跨度的1/10~1/20，横向加劲构件的高度一般为跨度的1/15~1/25。

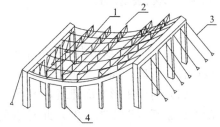

图1.2.5 横向加劲索系
1—索；2—横向加劲构件；3—锚索；4—柱

3

1.3　索网结构

1.3.1　索网结构（图 1.3.1）是指由相互正交、曲率相反的两组索在交点处相互连接而形成的鞍形曲面结构。下凹的承重索在下，上凸的稳定索在上，周边固定在边缘构件上。承重索的垂度一般为跨度的 1/10～1/20，稳定索的拱度一般为跨度的 1/15～1/30。

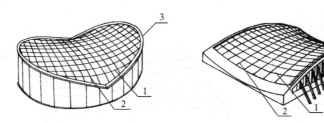

图 1.3.1　索网屋盖结构
1—承重索；2—稳定索；3—边缘构件

1.3.2　索网结构为空间受力体系，具有很好的形状稳定性和刚度。平面形状可为方形、矩形、多边形、菱形、圆形、椭圆形等，一般采用轻型屋面。

1.3.3　索网结构的初始预应力态通常通过"找形"分析确定，预应力水平则一般由满足跨中挠度限值要求所决定。索网结构的预应力一般通过张拉稳定索或承重索来建立。

1.3.4　索网结构的预应力需要外围边缘构件来平衡，因此过大的预应力对外围边缘构件的受力是不利的。圆形或椭圆形屋盖的边缘构件通常设计为自平衡。当不能自平衡时，则需要通过斜拉索等方式将预应力传递到基础。

1.3.5　平面索网结构（图 1.3.5）是一种常用的玻璃幕墙支承结构，此类索网的平面外刚度主要由预应力提供。

图 1.3.5　平面索网幕墙结构

1.4　双层索系

1.4.1　双层索系由一系列下凹的承重索和上凸的稳定索以及它们之间的连杆（拉索或压杆）组成，如图 1.4.1-1 所示。

（1）对于矩形平面建筑，承重索、稳定索可以平行布置或交错布置，构成索桁架形式的双层索系（图 1.4.1-2），此时承重索的垂度一般为跨度的 1/15～1/20，稳定索的拱度一般为跨度的 1/15～1/25。

（2）用于圆形平面建筑时，承重索、稳定索一般呈辐射状布置（图 1.4.1-3），构成辐射布置的索桁架结构。索桁架固定在受压外环梁上，内部连于受拉环。承重索的垂度一般为跨度的1/17～1/22，稳定索的拱度一般为跨度的1/16～1/26。

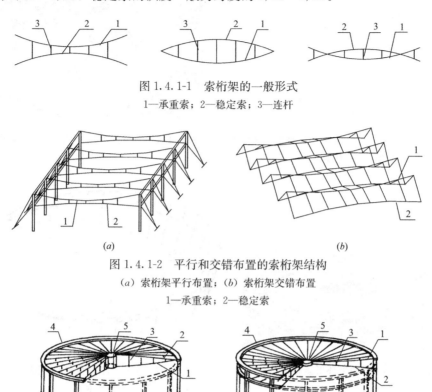

图1.4.1-1 索桁架的一般形式
1—承重索；2—稳定索；3—连杆

图1.4.1-2 平行和交错布置的索桁架结构
(a) 索桁架平行布置；(b) 索桁架交错布置
1—承重索；2—稳定索

图1.4.1-3 辐射布置的索桁架结构
1—承重索；2—稳定索；3—连杆；4—受压外环梁；5—受拉环

1.4.2 双层索系一般通过张拉稳定索或承重索建立预应力，也可调节承重索与稳定索之间的连杆长度建立预应力，但应采取有效措施控制稳定索和承重索可能的预应力偏差。与单层索系相比，双层索系的形状稳定性和刚度均大大提高。

1.4.3 将辐射布置的索桁架结构中部受拉环扩大，并替换为内环索，衍生出适用于体育场看台罩棚的环形索桁结构（图1.4.3-1）。环形索桁结构通常适用于圆形、椭圆形的建筑平面，一般使用膜材屋面。

环形索桁结构有双层环索单层环梁（图1.4.3-1）、单层环索双层环梁（图1.4.3-2）两种常用形式。如果后者中的索桁架交错布置，可形成折面型环形索桁结构（图1.4.3-3）。单层环索双层环梁环形索桁形式通常在索桁架下弦间铺设膜材屋面，以便于向周边排水。

1.4.4 双层索系也可组成图1.4.4所示的月牙形索桁结构。与环形索桁结构相比，其内环索和上、下外环梁均非闭合成环，而在两端的角柱处交汇，也可满足预应力的自平衡。

1.4.5 环形索桁结构和月牙形索桁结构中的预应力可以在内环索、索桁架和外环梁间平衡。但当结构跨度较大时，单榀索桁架需要施加较高的预应力才能满足结构刚度要求，这也使得内环索承受的拉力和外环梁承受的压力都很大。外环梁一般采用实腹构件，常用钢管混凝土构件。受力较大时，外环梁也会采用桁架。

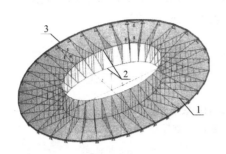

图1.4.3-1　双层环索单层环梁环形索桁结构
1—索桁架；2—内环索；3—受压外环

图1.4.3-2　单层环索双层环梁环形索桁结构

图1.4.3-3　折面型环形索桁结构

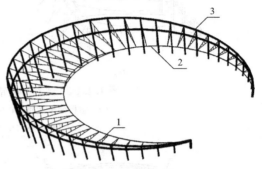

图1.4.4　月牙形索桁结构
1—索桁架；2—内环索；3—受压外环梁

1.4.6　各类双层索系结构中，承重索、稳定索、环索一般通长，通过固定于这些索上的索夹节点与其他构件连接。由于索夹节点两边索段通常存在不平衡力，故设计时对索夹的抗滑移承载力有较高要求。

1.4.7　环形索桁结构和月牙形索桁结构一般采用地面拼装、再利用索桁架的上弦索作为牵引索进行整体提升成形（图1.4.7）。应进行成形过程的模拟，以避免提升过程中结构大变形引起的构件和节点损伤。

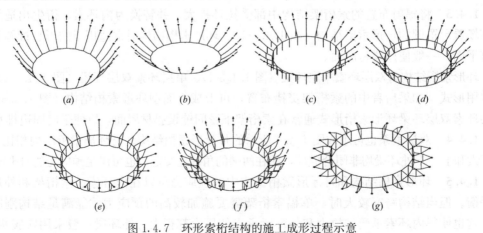

图1.4.7　环形索桁结构的施工成形过程示意
（a）步骤一；（b）步骤二；（c）步骤三；（d）步骤四；（e）步骤五；（f）步骤六；（g）步骤七

1.4.8 索桁架也常用作玻璃幕墙的支承结构，如图 1.4.8 所示。

图 1.4.8 双层索系幕墙结构

1.5 斜拉结构

1.5.1 对于跨度较大的屋盖结构，可设置塔柱（桅杆）和斜拉索为屋盖结构跨中提供吊点（图 1.5.1）。塔柱通过斜拉索可分担一部分屋盖结构上的竖向荷载，从而降低屋盖结构的内力。同时，斜拉索也相当于屋盖结构跨中的弹性支点，可有效减小屋盖的竖向变形。

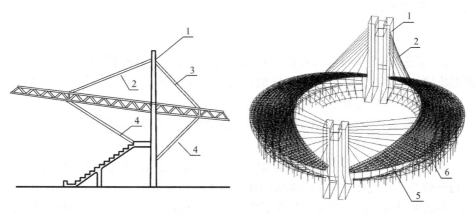

图 1.5.1 斜拉结构
1—塔柱；2—斜拉索；3—后拉索；4—下拉索；5—稳定索；6—框架

1.5.2 斜拉结构中拉索内力较大，拉索亦可锚固在与屋盖主体结构相连的中间过渡构件上，如箱梁、立体桁架等。塔柱一般独立于屋盖主体结构。

1.5.3 斜拉索一般在塔柱四周多方位布置，以发挥空间受力作用，减少塔柱弯曲内力。边柱式塔柱的柱底弯矩较大，通常在塔柱的另一侧设置平衡索或锚索（图 1.5.3）。

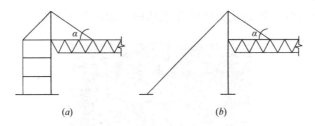

图 1.5.3　平衡索或锚索布置示意

(a) 设置平衡索；(b) 设置锚索

1.5.4　斜拉结构中，斜拉索倾角 α 不宜太小（图1.5.3），一般宜大于25°，这样可避免斜拉索拉力水平分量过大对屋盖结构造成的不利影响。同样，塔柱过高会增大斜拉索的长度，增加索、塔柱的造价。设计中一般经过多方案比较来合理确定斜拉索的倾角和塔柱高度。

1.5.5　斜拉索须具有一定的轴向刚度才能对屋盖结构提供充分的弹性支承并有效分担屋面荷载，因此设计时其截面面积一般并不取决于强度验算，而是轴向刚度的需求。

1.5.6　施工时一般需要对拉索进行张拉，目的是让拉索能与屋盖结构协同工作，并按设计计算的要求精确地分担荷载。通过张拉斜拉索在屋盖结构中建立预应力的目的往往是次要的。

1.5.7　当屋盖结构较轻以至于风荷载可以将屋盖掀起时，设计中也存在对斜拉索进行超张拉的做法以保证其不退出工作。但如果预应力过高将会成为屋盖结构的额外负担，造成结构受力不利和经济性差。一般也可通过设置下拉防风索来防止斜拉结构中的斜拉索在上吸风作用下退出工作。

1.6　张弦结构

1.6.1　张弦结构（图1.6.1）是由上弦刚性压弯构件、下弦柔性拉索以及连接二者的撑杆所形成的结构体系。上弦刚性压弯构件可以是梁、拱、桁架等形式。张弦结构可单向、双向或空间布置以适应不同形状的平面。

1.6.2　对应于上弦刚性构件的形状，张弦结构有直梁形、拱形和人字拱形三种基本形式（图1.6.2）：

（1）直梁形张弦结构的上弦构件呈直线，通过拉索和撑杆为其提供弹性支承，从而减小上弦构件的弯矩，主要适用于楼板结构和小坡度屋面结构。

（2）拱形张弦结构的拉索和撑杆除了为上弦构件提供弹性支承、减小拱中弯矩的作用外，拉索张力还可抵消拱的推力。由于同时能发挥拱的受力优势和拉索的高强特性，拱形张弦结构适用于大跨度甚至超大跨度的屋盖结构。

（3）人字拱形张弦结构主要用下弦拉索来抵消拱两端推力，通常起拱较高，适用于跨度较小的双坡屋盖结构。

1.6.3　与普通的平面桁架相比，张弦结构的下弦采用高强度拉索，且取消了较长的斜腹杆。这使得张弦结构具备以下特点：

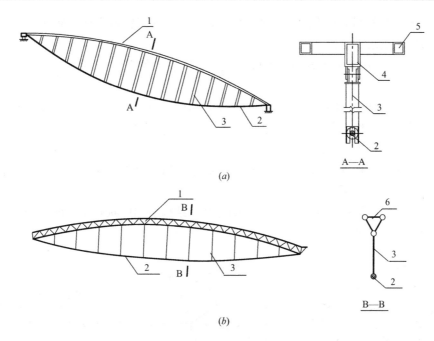

图 1.6.1　张弦结构

（a）上弦由三根平行拱组成；（b）上弦为立体桁架

1—上弦刚性压弯构件；2—拉索；3—撑杆；4—主弦；5—副弦；6—立体桁架

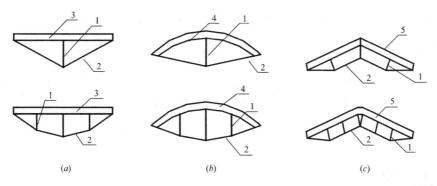

图 1.6.2　张弦结构的三种基本形式

（a）直梁形；（b）拱形；（c）人字拱形

1—撑杆；2—拉索；3—梁；4—拱；5—人字拱

（1）当跨度增加时，可以相应地提高张弦结构的跨中高度来保证必要的竖向刚度。

（2）高强度拉索能有效承担由跨度增加而增大的下弦内力。同时由于不存在斜腹杆，竖腹杆的受力较小，且间距也可以较普通平面桁架增大。

（3）当跨度较大时，上弦刚性压弯构件的内力较大，此时可采用承载力和刚度均较大的立体桁架。

（4）张弦结构的上弦构件和下弦索协同工作，预应力可自平衡。除竖向反力外，并不对下部支承结构产生水平推力，从而可减轻支承结构的负担。

1.6.4　张弦结构平行布置可称为单向张弦结构。单向张弦结构的设计必须重视单榀结构的平面外稳定，主要的保证措施有：

（1）采用平面外刚度较大的上弦刚性构件，如三根平行拱或立体桁架（图1.6.1）；

（2）布置上弦水平支撑。

1.6.5 张弦结构沿多个方向布置可形成呈空间受力的双向或空间张弦结构，有以下三种基本形式：

（1）双向张弦结构（图1.6.5-1），即将张弦结构沿纵横向交叉布置而成。两个方向的张弦结构相互提供弹性支承，属于纵横向受力的空间受力体系。该结构形式适用于矩形、圆形及椭圆形等多种平面的屋盖。

（2）多向张弦结构（图1.6.5-2），即将张弦结构沿多个方向交叉布置而成，适用于圆形平面和多边形平面的屋盖。

（3）辐射式张弦结构（图1.6.5-3），即将张弦结构沿辐射状布置。该结构形式适用于圆形平面或椭圆形平面的屋盖。

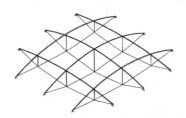  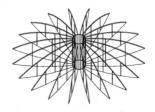

图1.6.5-1 双向张弦结构　　图1.6.5-2 多向张弦结构　　图1.6.5-3 辐射式张弦结构

1.6.6 张弦结构是一种风荷载敏感结构。对于风荷载较大且采用轻屋面系统的张弦结构，在风吸力作用下可能出现下弦拉索受压而退出工作的情况。必要时，可设置下拉抗风索。

1.6.7 张弦结构中上弦刚性构件的加工放样通常要考虑下弦索张拉的变形影响。张弦结构的下弦索通常在现场进行张拉，因此只要精确计算好上弦构件的加工形状，结构的起拱可以通过下弦索的张拉来完成。

1.7 弦支穹顶

1.7.1 弦支穹顶（也称为张弦网壳）是由上部单层网壳结构和下部逐圈布置的环索、斜索和撑杆组成的一种大跨度索结构形式。通过张紧斜索和环索，可使撑杆受压并为上部单层网壳提供支点。相比于同等跨度的单层网壳结构，弦支穹顶的刚度和承载力大大提高。

1.7.2 球面、椭球面是弦支穹顶上部单层网壳的常用形式。单层网壳的网格形式一般要适应环索、斜索和撑杆的逐圈布置。弦支穹顶有肋环型、联方型、凯威特型三种基本形式（图1.7.2-1）。工程中也有多边形平面的弦支穹顶（图1.7.2-2）。

1.7.3 弦支穹顶中，单层网壳对支座的推力可以与斜索对支座的拉力相互抵消（图1.7.3），此时下部结构仅对弦支穹顶提供竖向支承。当单层网壳与支承结构共同工作时，也可通过调节斜索的拉力来主动控制支座推力的大小。

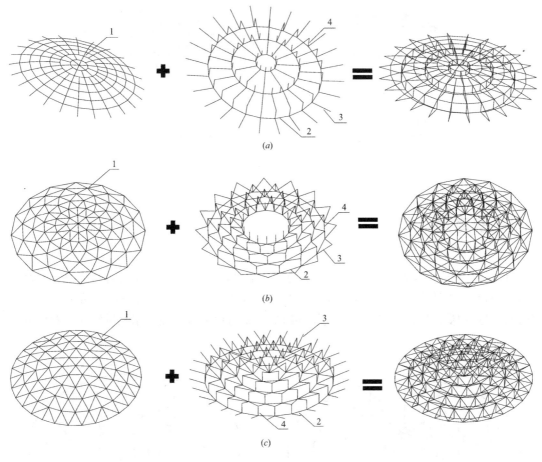

图 1.7.2-1　弦支穹顶的组成及三种基本形式

（a）肋环型；（b）联方型；（c）凯威特型

1—单层网壳；2—环索；3—斜索；4—撑杆

1.7.4 弦支穹顶的撑杆、斜索通常与固定在环索上的索夹节点连接，故设计时会对索夹节点的抗滑移承载力提出要求。在保证下部索杆系统几何不变的前提下，索夹与环索间也可采用相对滑动的构造形式。

1.7.5 弦支穹顶结构的基本受力性能符合线弹性和小变形的假定，因此各类荷载效应及预应力可以进行线性叠加。设计时，尚应进行整体稳定性验算以保证上部单层网壳不发生失稳。

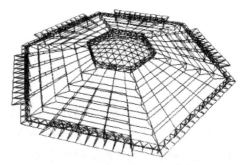

图 1.7.2-2　多边形平面弦支穹顶

1.7.6 弦支穹顶一般采用由外到内或由内到外逐圈张拉斜索或环索的预应力施工方案，因此应进行结构施工张拉全过程的分析和验算。

1.7.7 弦支穹顶中单层网壳的加工安装应考虑斜索或环索张拉后的变形影响，结构的起拱可以通过索的张拉来完成，但应确保施工完成后网壳的形状符合建筑设计的要求。

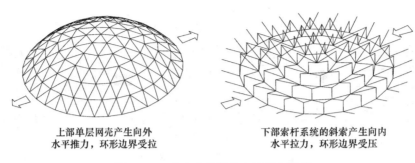

上部单层网壳产生向外
水平推力，环形边界受拉

下部索杆系统的斜索产生向内
水平拉力，环形边界受压

图 1.7.3 弦支穹顶结构边界受力原理

1.8 索穹顶

1.8.1 索穹顶结构是一种平面形状为圆形或椭圆形，固定于周圈封闭环梁（或环桁架）上的柔性索结构形式（图 1.8.1）。索穹顶由上部辐射状布置的脊索，下部逐圈布置的环索、斜索和受压撑杆，以及中部受拉环组成。索穹顶屋盖一般采用膜材作为屋面材料。

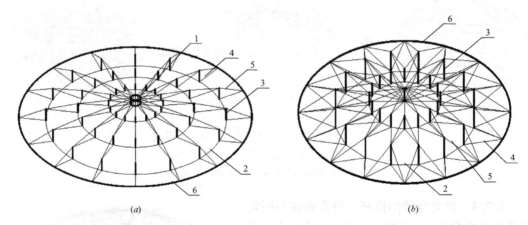

图 1.8.1 索穹顶结构及两种基本形式
（a）Geiger 体系；（b）Levy 体系
1—受拉环；2—环索；3—受压撑杆；4—斜索；5—脊索；6—受压封闭环

1.8.2 索穹顶是一种轻型高效的结构形式，适用于大跨度和超大跨度的屋盖结构。索穹顶有 Geiger 型（图 1.8.1a）和 Levy 型（图 1.8.1b）两种基本形式，其他的形式大多是在这两种形式的基础上衍生而来。

1.8.3 作为一种柔性索结构，索穹顶必须依靠预应力来提供刚度并维持形态的稳定。预应力大小通常由结构变形验算决定。

1.8.4 索穹顶与周圈环梁形成一个预应力自平衡体系。当结构跨度大、预应力水平较高时，周圈环梁也可采用桁架形式。

1.8.5 索穹顶结构是一种风荷载敏感结构。对于风荷载较大且采用轻屋面系统的索穹顶结构，设计时应保证风荷载作用时索不因受压而退出工作。

1.8.6 索穹顶通常采用地面拼装，然后利用上脊索牵引提升，再由外向内逐圈张拉斜索使结构成形的施工方案（图 1.8.6），一般应进行施工成形分析。

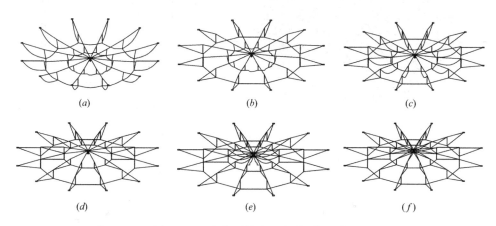

图 1.8.6 索穹顶的施工成形过程示意
(*a*) 步骤一；(*b*) 步骤二；(*c*) 步骤三；(*d*) 步骤四；(*e*) 步骤五；(*f*) 步骤六

1.9 其他索结构形式

1.9.1 预应力网格结构。在网格结构（网架和网壳）中设置拉索，通过张拉拉索引入预应力，可以改变结构内力分布、降低构件内力峰值和控制结构变形，形成预应力网格结构，可分为预应力网架结构（图 1.9.1-1）和预应力网壳结构（图 1.9.1-2）。

1.9.2 桅杆支承斜拉索网结构（图 1.9.2*a*）。该结构属于利用桅杆来支承的索结构。每根桅杆顶由锚固在地面的多根后端斜拉索和多根前端斜拉索相连。所有的前端斜拉索在主屋盖上方通过两根锚固在地面的稳定索连接，并与水平索一起形成一个梭形的索网。

桅杆支承斜拉索网是一个能自支承、预应力自平衡的独立结构体系，即通过合理引入的预应力来保证其自身的稳定性。工程中，桅杆支承斜拉索网一般设置在建筑物的室外，可以通过吊索来吊挂下部建筑物的刚性屋盖系统（图 1.9.2*b*）。桅杆支承斜拉索网的预应力一般通过张拉落地的斜拉索和稳定索来建立。

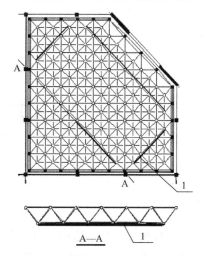

图 1.9.1-1 预应力网架结构
1—拉索

1.9.3 索拱结构（图 1.9.3）。在双层索系或鞍形索网中，以实腹式或格构式劲性构件代替上凸的稳定索，通过张拉承重索或对拱的两端下压产生强迫位移来施加预应力，形成预应力索拱结构。索拱结构具有较大的刚度，不需施加很大的预应力。在预应力阶段，拱受到索向上的作用而受拉；荷载阶段，索拱共同抵抗荷载作用，使预应力拱受力更为合理。

13

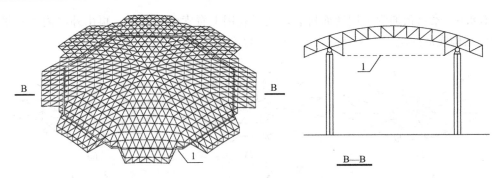

图 1.9.1-2 预应力网壳结构
1—拉索

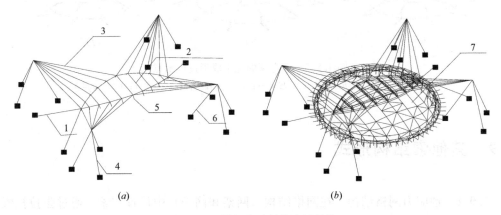

图 1.9.2 桅杆支承斜拉索网结构

(a) 结构体系；(b) 吊挂刚性屋盖

1—稳定索；2—水平索；3—前端斜拉索；4—后端斜拉索；5—吊索；6—桅杆；7—刚性屋盖

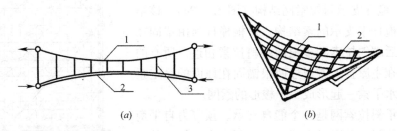

图 1.9.3 索拱结构
1—索；2—拱；3—支杆

1.9.4 索托结构。在斜拉网格结构的基础上，如果将锚固于不同塔柱的两根斜拉索替换为一根连续索，则形成索托结构，如图 1.9.4（a）所示。连续索在与网格结构相交的节点上转折（图 1.9.4b），因此也可以理解为网格结构被悬索托起。因此，索托结构兼顾了斜拉结构和悬索结构的受力特点。索托结构中，索对网格结构的有效支托力（竖向力）与水平力之比高于斜拉结构，即有效降低了网格结构中的水平力。在满足相同支托力要求的前提下，索托结构中塔的高度可较斜拉结构显著降低，也减小了索长。

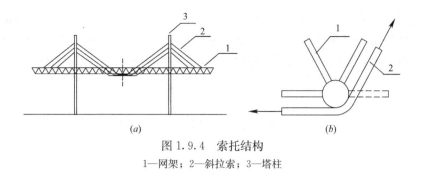

图 1.9.4　索托结构

1—网架；2—斜拉索；3—塔柱

1.10　索体

1.10.1　拉索一般由索体、锚固体系及配件等组成。索体有钢丝束、钢绞线、钢丝绳或钢拉杆（也称钢棒）等类型。

1.10.2　钢丝束索体是由若干相互平行的钢丝压制集束或外包防腐护套制成，断面呈圆形或正六角形。

（1）平行钢丝束通常采用由 7、19、37 或 61 根直径为 5mm 或 7mm 高强钢丝组成，钢丝强度为 1670～1770MPa，可为光面钢丝或镀锌钢丝，钢丝束截面钢丝呈蜂窝状排列。钢丝束索体的高密度聚乙烯（HDPE）护套分为单层和双层。双层护套的内层为黑色耐老化的 HDPE 层，厚度为 3～4mm；外层为彩色 HDPE 层，颜色根据用户需求确定，厚度为 2～3mm。

（2）在建筑索结构中最常用的是半平行钢丝束，它由若干根高强度钢丝采用同心绞合方式一次扭绞成型，捻角 2°～4°，扭绞后在钢丝束外缠包高强缠包带，缠包层应齐整致密、无破损；然后热挤 HDPE 护套。这种索体的运输和施工比平行钢丝束方便，目前已基本替代平行钢丝束。钢丝束索体的截面见图 1.10.2。

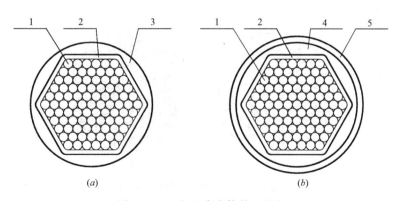

图 1.10.2　钢丝束索体截面形式

（a）单层护套索体；（b）双层护套索体

1—高强钢丝；2—高强缠包带；3—HDPE 护套；4—内层 HDPE 护套；5—外层 HDPE 护套

1.10.3　钢绞线索体由多根高强钢丝呈螺旋形绞合而成，一根在中心，6 根在外层沿同一方向缠绕即为 1×7 钢绞线，还有 1×19、1×37、1×61 等规格。根据钢绞线表面防腐措施和材质，可分为镀锌钢绞线、铝包钢绞线、不锈钢钢绞线、高钒钢绞线索体等。高钒钢绞线索体是由一层或多层锌-5%铝-混合稀土合金镀层钢丝呈螺旋形绞合而成。将高强钢丝通过矫直回火，捻成钢绞线后经稳定化处理，即在 $300\sim400℃$ 高温下施加张力以消除内部应力，并使之结构紧密，平直度好，切口不松散，称为高强度低松弛预应力钢绞线，应用较为广泛。

工程中常用由多根 1×7 钢绞线平行组成的平行钢绞线束，索体截面见图1.10.3。

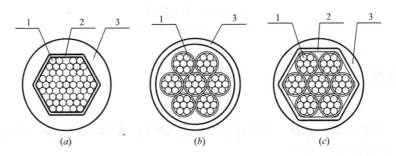

图1.10.3　平行钢绞线束索体截面形式

(a) 整体型；(b) 单根防腐型；(c) 单根防腐整体型

1—钢绞线；2—高强缠包带；3—HDPE护套

1.10.4　钢丝绳索体通常由多根钢丝围绕一根核心钢绳（芯）捻制而成，截面形式采用图1.10.4所示的单股钢丝绳和多股钢丝绳。常用的七股钢丝绳以一股钢绞线为核心，外层的六股钢绞线沿同一方向缠绕。由七股 1×7 的钢绞线捻成的钢丝绳，其标记符号为 7×7。常用的另一种型号为 7×19，即外层6股钢绞线，每股有19根钢丝。钢丝绳捻法包括交互捻、同向捻和混合捻。交互捻是一种最常用的钢丝绳捻制方式，不易松散和抗扭转性能好，且承受横向压力的能力比同向捻要好，但不够柔软、使用寿命短，建筑索结构用钢丝绳多为此种。同向捻钢丝间接触较好，表面比较平滑、柔软性好、耐磨损、使用寿命长，但是容易松散和扭曲，主要用于开采和挖掘设备中。混合捻兼具以上两种方法的优点，但是制造困难，主要用于起重设备中。

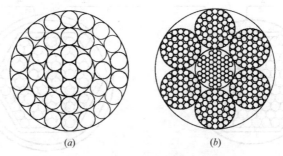

图1.10.4　钢丝绳索体截面形式

(a) 单股钢丝绳；(b) 多股钢丝绳

1.10.5　密封索体的内层钢丝表面热浸锌处理，采用富锌复合材料填充，最外面的1~3层钢丝采用异形钢丝螺旋扣合而成（图1.10.5）。密封拉索截面含钢率较高，可达到85%以上（普通钢绞线一般为75%左右），截面刚度（EA）较高；同时，由于外层异形钢丝的紧密连接作用，使得密封拉索的耐腐蚀和耐磨损性能均有所提高。

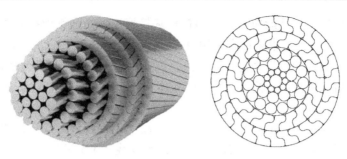

图 1.10.5 密封索体截面形式

1.10.6 钢拉杆主要由圆柱形杆体、调节套筒和两端耳板式或螺杆式连接接头组成（图 1.10.6）。杆体由碳素钢、合金钢制成，强度低于高强度钢丝，但其截面积较大，具有抗锈蚀能力强、不易受外力损伤的优点。钢拉杆均设有一定调节量，调节套筒的数量可根据拉杆长度和调节距离确定。根据钢拉杆的规格大小不一，调节量范围一般有 $\pm 20 \sim \pm 115$mm。

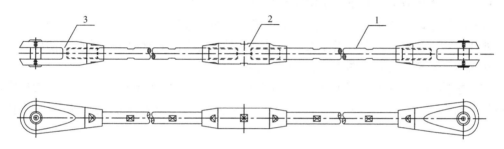

图 1.10.6 钢拉杆组成
1—杆体；2—调节套筒；3—连接接头

1.10.7 索体的力学性能可按如下要求确定：

（1）索体的抗拉强度级别可按表 1.10.7 选用。由于拉索中各钢丝受力不完全相同，索体的极限抗拉力是拉索的最小破断力，不是所有钢丝破断力的总和。

索结构常用索体的抗拉强度级别   表 1.10.7

索体类型	强度类别	级别（MPa）
钢丝束	极限 抗拉 强度	1670、1770
钢绞线		1570、1720、1770、1860、1960
不锈钢绞线		1180、1320、1420、1520
钢丝绳		1570、1670、1770、1870、1960
钢拉杆	屈服强度	345、460、550、650、750、850、1100

注：附录 A 中给出了常用的各类索体各种规格的破断力参数，可参考选用。

（2）索体的弹性模量宜由试验确定。在未进行试验的情况下，索体的弹性模量可按附录 A 中表 A.0.1 取值。

（3）索体的线膨胀系数值宜由试验确定。在未进行试验的情况下，索体的线膨胀系数可按附录 A 中表 A.0.2 取值。

1.10.8 索体选用应符合以下技术要求：

（1）钢丝束索体中钢丝的质量、性能应符合《桥梁缆索用热镀锌钢丝》GB/T 17101

的规定，钢丝束的质量、性能应符合《斜拉桥热挤聚乙烯高强钢丝拉索技术条件》GB/T 18365 的规定。半平行钢丝束索体宜采用直径 5mm 或 7mm 的高强度、低松弛、耐腐蚀钢丝，钢丝束外应以高强缠包带缠包，应有热挤高密度聚乙烯（HDPE）护套，在高温、高腐蚀环境下护套宜采用双层，高密度聚乙烯技术性能应符合《桥梁缆索用高密度聚乙烯护套料》CJ/T 297 的规定。

（2）钢绞线的质量、性能应符合《预应力混凝土用钢绞线》GB/T 5224、《高强度低松弛预应力热镀锌钢绞线》YB/T 152、《镀锌钢绞线》YB/T 5004 和《不锈钢钢绞线》GB/T 25821 的规定。

（3）钢丝绳的质量、性能应符合《一般用途钢丝绳》GB/T 20118 和《密封钢丝绳》YB/T 5295 的规定。

（4）钢拉杆的质量、性能应符合《钢拉杆》GB/T 20934 和《建筑用钢质拉杆构件》JG/T 389 的规定。

1.10.9　索体应采取必要的防腐蚀及防火等防护措施。

（1）索体采取普通防腐时，对高强钢丝或钢绞线应进行镀锌、镀铝锌、防锈漆、环氧喷涂处理或对索体包裹护套；索体采取多层防护时，对高强钢丝和钢绞线应经防腐蚀处理后再在索体外包裹护套，如图 1.10.2 和图 1.10.3 所示。

（2）索体防火宜采用钢管内布索、钢管外涂敷防火涂料等保护方法。当拉索外露的塑料护套有防火要求时，应在塑料护套中添加阻燃材料或外涂满足防火要求的特殊涂料。

1.11　锚具

1.11.1　锚具是索体两端锚固体系，其形式应由建筑外观、索体类型、施工安装、索力及索力调整、换索等多种因素确定，其构造形式应满足安装和调节的需要。

1.11.2　锚具应采用低合金高强度结构钢经热处理后制作，小锚具采用锻造成型，大锚具采用铸造成型。锚具及其组装件的极限承载力不应低于索体的最小破断拉力。钢拉杆接头的极限承载力不应低于杆体的最小破断拉力。

1.11.3　钢丝束、钢丝绳索体可采用热铸锚锚具（图 1.11.3-1）或冷铸锚锚具（图 1.11.3-2）。热铸锚锚具和冷铸锚锚具的质量、性能、检验和验收应符合《塑料护套半平行钢丝拉索》CJ 3058 或《斜拉桥热挤聚乙烯高强钢丝拉索技术条件》GB/T 18365 的规定。

1.11.4　钢绞线索体可采用夹片锚具（图 1.11.4-1），也可采用挤压锚具（图 1.11.4-2）或压接锚具（图 1.11.4-3）。承受低应力或动荷载的夹片锚具应有防松装置。夹片锚具的质量、性能、检验和验收应符合《预应力筋用锚具、夹具和连接器》GB/T 14370 和《预应力筋用锚具、夹具和连接器应用技术规程》JGJ 85 的规定。挤压锚具质量、性能、检验和验收应符合《挤压锚固钢绞线拉索》JT/T 850 的规定。压接锚具加工制作比较简单，适用于较小拉力情况。玻璃幕墙拉索压接锚具的制作、验收应符合《建筑幕墙用钢索压管接头》JG/T 201 和《不锈钢拉索》YB/T 4294 的规定。

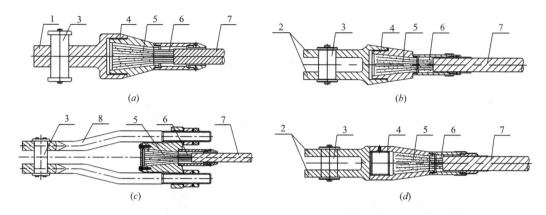

图 1.11.3-1 拉索热铸锚锚具构造形式

(a) 单耳连接热铸锚锚具；(b) 双耳连接热铸锚锚具Ⅰ型；(c) 双螺杆连接热铸锚锚具；(d) 双耳连接热铸锚锚具Ⅱ型
1—单耳板；2—双耳板；3—销轴；4—锚环；5—热铸料；6—高强钢丝；7—索体；8—螺杆锚环

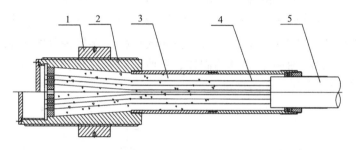

图 1.11.3-2 螺纹螺母连接冷铸锚锚具构造形式
1—螺母；2—锚环；3—冷铸料；4—高强钢丝；5—索体

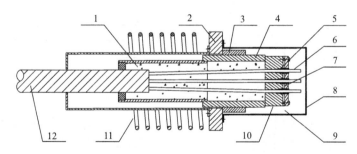

图 1.11.4-1 拉索夹片锚具构造形式

1—环氧砂浆；2—垫板；3—螺母；4—支撑筒；5—夹片；6—钢绞线；7—防松装置；
8—保护罩；9—防腐油脂；10—锚板；11—螺旋筋；12—索体

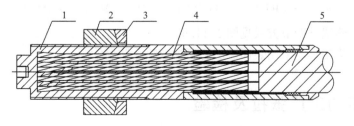

图 1.11.4-2 拉索挤压锚具构造形式
1—锚固套；2—螺母；3—球垫；4—钢绞线；5—索体

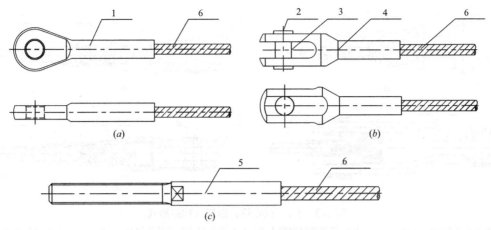

图 1.11.4-3 拉索压接锚具构造形式

(*a*) 单板端接头；(*b*) 双板端接头；(*c*) 螺栓端接头

1—单板端接头；2—端盖；3—销轴；4—双板端接头；5—螺栓端接头；6—索体

1.11.5 钢拉杆宜采用单耳板式、双耳板式或螺杆连接接头（图 1.11.5），并可采用连接件进行连接或调节。钢拉杆锚具的制作、验收应符合《钢拉杆》GB/T 20934 和《建筑用钢质拉杆构件》JG/T 389 的规定。

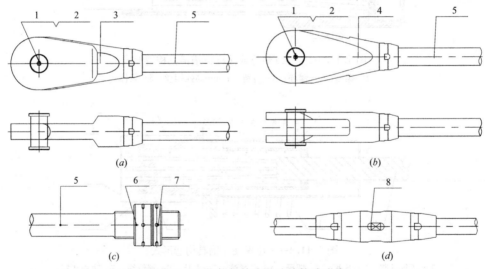

图 1.11.5 钢拉杆接头及连接构造形式

(*a*) 单耳板式；(*b*) 双耳板式；(*c*) 螺杆连接；(*d*) 连接器

1—销轴；2—端盖；3—单耳接头；4—双耳接头；5—杆体；6—螺母；7—锁紧螺母；8—调节套筒

1.11.6 拉索锚具调节方式见图 1.11.6。

1.11.7 拉索锚具应采用表面镀层防腐蚀或喷涂防腐涂料。

1.12 拉索的工厂张拉及检验

1.12.1 在制索前应对索体进行预张拉以减少捻制所引起的钢丝受力不均匀性。预张

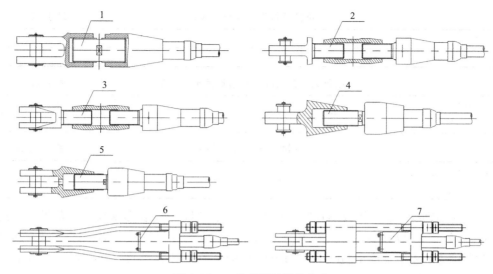

图 1.11.6　拉索锚具调节方式

1—双耳双向螺杆调节型；2—单耳套筒调节型；3—双耳套筒调节型；4—单耳单向螺杆调节型；
5—双耳单向螺杆调节型；6—双螺杆Ⅰ型；7—双螺杆Ⅱ型

拉力值应为采用材料极限抗拉强度的 $40\%\sim55\%$。预张拉不应少于 2 次，每次持载时间不少于 50min。

1.12.2　对制作完毕的拉索一般还应进行超张拉试验。

（1）钢丝和钢绞线拉索试验张拉力宜为设计荷载的 $1.2\sim1.4$ 倍，且宜调整到最接近 50kN 的整数倍，可分为 5 级加载。对成品拉索在卧式张拉设备上超张拉后，锚具的回缩量不应大于 6mm。

（2）热铸型不锈钢拉索制作完成后，应在 1.25 倍设计拉力（不小于 45% 最小破断力）下进行超张拉性能试验，持续荷载 5min。卸载后，不锈钢拉索不应出现连接件损坏或开裂、钢绞线松散、乱股、断丝、滑移等现象，且热铸型不锈钢拉索的一端外露钢绞线外移量 l_m（见图 1.12.2，$l_\mathrm{m}=l_\mathrm{m2}-l_\mathrm{m1}$，$l_\mathrm{m1}$ 和 l_m2 分别为加载前和加载后标识与索锚具端面之间的距离）不应大于不锈钢钢绞线公称直径的 6%。

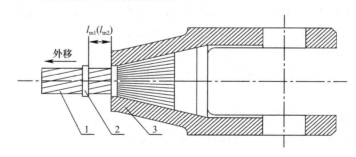

图 1.12.2　外移示意图

1—不锈钢钢绞线；2—标识；3—热铸型索锚具

1.12.3　成品拉索交货长度为设计长度，拉索长度尺寸及允许偏差应符合以下要求：

（1）拉索长度的允许偏差，不锈钢拉索见表 1.12.3-1，钢丝束、钢绞线束拉索见表 1.12.3-2，钢拉杆见表 1.12.3-3。

不锈钢拉索长度允许偏差 表 1.12.3-1

拉索长度（m）	≤5	>5~10	>10~20	>20
允许偏差（mm）	±6	±10	±15	±20

钢丝束、钢绞线束拉索长度允许偏差 表 1.12.3-2

拉索长度（m）	≤50	>50~100	>100
允许偏差（mm）	±15	±20	±L/5000

钢拉杆长度允许偏差 表 1.12.3-3

单根拉杆长度（m）	≤5	>5~10	>10
允许偏差（mm）	±5	±10	±15

（2）普通螺纹的公差等级不宜低于 GB/T 197 的 7H/6g，梯形螺纹的公差等级不宜低于 GB/T 5796.4 的 8H/8e。铸件的尺寸和公差不宜低于 GB/T 6414 的 CT6-C 级。其他未注形状和位置公差不宜低于 GB/T 1184—1996 的 K 级，未注线性和角度尺寸公差不宜低于 GB/T 1804 的 m 级。

1.12.4 拉索的静载破断力应符合以下要求：

（1）钢丝束拉索和钢绞线束拉索静载破断力不应小于索体标称破断力的 95%。

（2）钢丝绳拉索的最小破断力不应低于相应产品标准和设计文件规定的最小破断力。

（3）索体的静载破断力，不应小于标称破断力的 95%。锚具的抗拉承载力不应小于索体的最小破断拉力，锚具与索体间的锚固力不应小于索体最小破断拉力的 95%。

（4）热铸型不锈钢拉索的成品索静载破断力拉力不应小于 GB/T 25821 表 3 的最小破断拉力（参见附录 A.0.8）。

（5）压制型不锈钢拉索的成品索静载破断拉力不应小于 GB/T 25821 表 3 的最小破断拉力的 90%。

1.12.5 碳钢拉索疲劳性能应满足以下要求：

（1）采用 2.0×10^6 次循环脉冲加载。

（2）对钢丝束拉索，加载应力上限取极限抗拉强度的 0.40~0.55。对一级耐疲劳拉索，应力幅采用 200MPa；对二级耐疲劳拉索，应力幅采用 250MPa。

（3）对钢丝绳拉索，加载应力上限取极限抗拉强度的 0.55，应力幅采用 80MPa。

（4）经疲劳试验后拉索的钢丝拉断数不应大于索中钢丝总数的 5%，护层不应有明显损伤，锚具无明显损坏，锚杯与螺母旋合正常。

（5）经疲劳试验后拉索静载破断力不应小于索体标称极限抗拉力的 95%，拉断时延伸率不应小于 2%。

1.12.6 不锈钢拉索应能承受疲劳次数不少于 7.5 万次、15%~35% 最小破断拉力的交变荷载，试验后不应出现断丝、连接件开裂或明显变形、滑移。

1.13 索结构施工

1.13.1 索结构施工遵循以下一般规定：

（1）索结构施工前应编制施工组织计划，明确应遵循的技术标准和验收规范。

（2）施工方应进行各施工阶段的计算，获取索力及结构变形等参数以作为施工监测和质量控制的依据。

（3）施工前应对索体、锚具及零配件的出厂报告、产品质量保证书、检测报告以及品种、规格、色泽、数量进行验收。

（4）应对支承结构或边缘构件上用于拉索锚固的锚板、锚栓、孔道等的空间坐标、几何尺寸及倾角等内容进行复核，验收合格后方可进行索结构施工。

（5）索结构制作、安装、张拉所需设备与仪表应在有效的计量标定期内。

（6）应在索盘支架上放索，以保证安全。对于室外堆放的拉索，应采取保护措施。

（7）施工完成后应采取保护措施，防止拉索损坏。在拉索的周边不得进行焊接、切割等作业。

1.13.2 安装拉索按照以下步骤进行：

（1）拉索安装前，应根据拉索受力特点、空间状态及相关施工技术条件，同时满足设计要求的前提下，综合确定拉索的安装方法。

（2）应利用放线盘、牵引及转向等装置在地面将索放开，然后提升、安装就位。索在移动过程中，应采取措施防止索与地面接触造成索头和索体损伤。

（3）应根据施工图及整体结构施工方案要求进行索的安装。严格按索体上的标记位置、张拉方式和张拉伸长值进行索具节点安装。

（4）对于传力索夹，安装时要考虑张拉后拉索直径改变对索夹夹持力的影响。索夹间固定螺栓一般分为初拧、复拧和终拧三个过程，也可根据具体情况将后两个过程合并。

1.13.3 张拉拉索需遵循的原则如下：

（1）拉索张拉前应进行预应力施工全过程模拟计算，且应考虑支承结构的影响。根据实际监测情况可对索进行超张拉，超张拉值一般为设计张拉力的3%～5%。

（2）拉索张拉应遵循分阶段、分级、对称、缓慢匀速、同步加载的原则。

（3）拉索张拉前应确定以索力控制为主或结构变形控制为主的原则。对结构重要部位宜同时进行索力和变形双控，并应规定索力和变形的允许偏差。

（4）拉索张拉应做好详细记录，内容应包括日期、时间、环境温度、索力和变形的测量值。每级张拉时间不应少于0.5min。

（5）悬索结构的拉索张拉尚应遵循以下原则：张拉时应综合考虑边缘构件及支承结构刚度与索力间的相互影响；拉索分批分级张拉时，应防止边缘构件与屋面构件变形过大；各阶段张拉后，应检查张拉力、拱度及挠度，张拉力允许偏差绝对值不宜大于设计值的10%，拱度及挠度允许偏差绝对值不宜大于设计值的5%。

（6）斜拉结构的拉索张拉尚应考虑塔柱与被吊挂结构的变形协调以及结构变形对索力的影响。施工时应以结构关键点的变形量及索力作为主要施工监控内容。

（7）张弦结构的拉索张拉尚应遵循以下原则：在钢结构拼装完成、拉索安装到位后，进行拉索预紧，预紧力宜取预应力态索力的10%～15%；对于单向张弦结构，张拉过程中应保证结构的平面外稳定。

（8）弦支穹顶结构的拉索张拉尚应考虑分批张拉对索力的影响。当上部为单层网壳或厚度较小的双层网壳时，张拉施工过程应防止网壳的局部或整体失稳。

（9）支承玻璃幕墙、采光顶的拉索张拉施工完成后，在面板安装前可根据拉索的分布情况进行配重检测，配重量取 1.05 倍至 1.2 倍的面板自重。

1.13.4　索结构施工监测包括以下内容：

（1）张拉施工时，可直接采用与千斤顶配套并经标定的压力表监控拉索的张拉力。必要时，也可用其他测力装置同步监控拉索的张拉力。

（2）张拉施工中，结构变形控制测点应通过施工分析确定，通常设置在对结构变形较敏感的部位，如结构跨中、支座等位置。根据精度要求，可采用百分表、全站仪等测试仪器。

（3）应定期测量拉索的内力，并做记录。与初始值对比，如发现异常应及时报告。当实测内力与设计值相差大于 ±10% 时，应及时采取措施调整或补偿索力。

（4）应定期检测拉索是否有断丝、磨损、腐蚀，索体是否有渗水，防护涂层是否完好等情况。对出现损伤的索和防护涂层应及时修复。

（5）对于大风、暴雨、大雪等灾害气象条件，使用单位应及时检查结构体系有无异常。

1.13.5　索结构施工完成后按照以下要求进行维护：

（1）拉索的维护应由工程承包单位会同设计、制作、安装单位共同编制维护手册，交业主在日常使用中执行。其余构件维护可按国家现行有关标准执行。

（2）应定期检查拉索在使用过程中是否出现松弛现象。若有松弛，应采取恰当措施予以张紧。

（3）索体护套破损后所用的修补材料应与原护套材料一致，修补后的护套性能应与原性能一致。

参 考 文 献

[1]　索结构技术规程（JGJ 257—2012）[S]. 北京：中国建筑工业出版社，2012.

[2]　预应力钢结构技术规程（CECS 212：2006）[S]. 北京：中国计划出版社，2006.

[3]　董石麟，罗尧治，赵阳等. 新型空间结构的分析、设计和施工. 北京：人民交通出版，2006.

[4]　钢结构设计标准（GB 50017—2017）[S]. 北京：中国建筑工业出版社，2018.

[5]　建筑工程用索（JG/T 330—2011）[S]. 北京：中国标准出版社，2012.

[6]　斜拉桥热挤聚乙烯高强钢丝拉索技术条件（GB/T 18365—2001）[S]. 北京：中国标准出版社，2001.

[7]　塑料护套半平行钢丝拉索（CJ 3058—1996）[S]. 北京：中国标准出版社，2012.

[8]　预应力筋用锚具、夹具和连接器（GB/T 14370—2015）[S]. 北京：中国标准出版社，2015.

[9]　挤压锚固钢绞线拉索（JT 850—2013）[S]. 北京：人民交通出版社，2013.

[10]　桥梁缆索用热镀锌钢丝（GB/T 17101—2008）[S]. 北京：中国标准出版社，2008.

[11]　预应力混凝土用钢绞线（GB/T 5224—2014）[S]. 北京：中国标准出版社，2014.

[12]　高强度低松弛预应力热镀锌钢绞线（YB/T 152—1999）[S]. 北京：冶金工业出版社，1999.

[13]　镀锌钢绞线（YB/T 5004—2001）[S]. 北京：冶金工业出版社，2001.

[14]　不锈钢钢绞线（GB/T 25821—2010）[S]. 北京：中国标准出版社，2011.

[15]　一般用途钢丝绳（GB/T 20118—2006）[S]. 北京：中国标准出版社，2006.

［16］　密封钢丝绳（YB/T 5295—2010）［S］. 北京：冶金工业出版社，2011.

［17］　钢拉杆（GB/T 20934—2007）［S］. 北京：中国标准出版社，2007.

［18］　建筑用钢质拉杆构件（JG/T 389—2012）［S］. 北京：中国标准出版社，2012.

［19］　不锈钢拉索（YB/T 4294—2012）［S］. 北京：冶金工业出版社，2013.

［20］　预应力筋用锚具、夹具和连接器应用技术规程（JGJ 85—2010）［S］. 北京：中国建筑工业出版社，2010.

第2章 节点类型与选型

2.1 一般规定

2.1.1 根据索结构的特点、拉索节点的连接功能和构造，节点可分为螺杆连接节点、索夹节点、耳板式节点及可滑动节点等主要类型。

2.1.2 各类节点的设计与构造应符合《钢结构设计标准》等相关规范的规定。

2.2 索与索的连接节点

2.2.1 双向拉索的连接、拉索与柔性边索的连接一般选用索夹节点，索夹节点按夹具的不同可以分为U形索夹节点（图2.2.1-1a）、螺栓索夹节点（图2.2.1-1b）和钢板索夹节点（图2.2.1-2）三类。索体在夹具中一般不应滑移，夹具与索体之间的摩擦力应大于夹具两侧索体的索力之差，并应采取措施保证索体防护层不被挤压损坏。

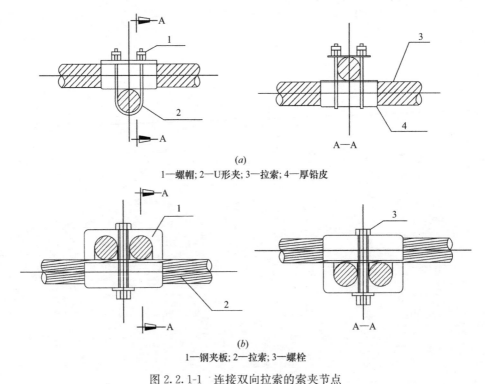

1—螺帽；2—U形夹；3—拉索；4—厚铅皮

1—钢夹板；2—拉索；3—螺栓

图2.2.1-1 连接双向拉索的索夹节点

（a）U形索夹节点；（b）螺栓索夹节点

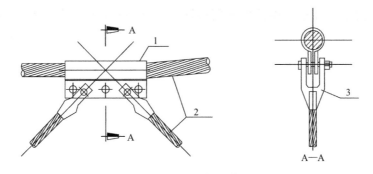

图 2.2.1-2 连接柔性边索的钢板索夹节点

1—钢夹板；2—拉索；3—索接头

2.2.2 同向拉索间的中间张紧装置可采用螺杆连接节点，连接形式如图 2.2.2-1 所示。同向拉索有时需在中间节点改变方向以便锚固，如悬索或斜拉结构中，可使拉索跨过塔顶的索鞍，平顺地改变方向锚固在地锚上，而不必将索断开；索托结构中的拉索直接由结构节点下贯穿过去，锚固在另一侧的塔上。此时钢索在结构节点处的连接可采用图 2.2.2-2 的做法，这种节点可通过构造来实现索的滑动或限制索的滑动，称为可滑动节点。

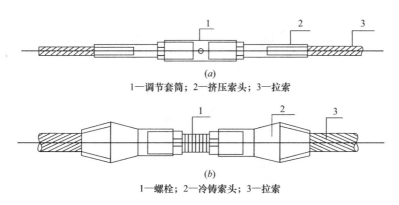

(a)

1—调节套筒；2—挤压索头；3—拉索

1—螺栓；2—冷铸索头；3—拉索

(b)

图 2.2.2-1 同向拉索张紧的螺杆连接节点

（a）挤压式索头套筒连接；（b）浇铸式索头螺杆连接

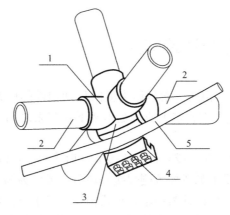

图 2.2.2-2 索托结构中的可滑动节点

1—铸钢件；2—弦杆；3—索托；4—盖板；5—拉索

27

2.2.3 径向索与环索的连接可选用铸钢制作索夹具，通常是一种大型的索夹节点（图 2.2.3）。

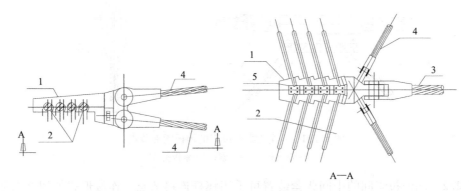

A—A

图 2.2.3 连接径向索与环向索的铸钢索夹节点
1—铸钢夹具；2—中心受拉环索；3—径向拉索；4—边索（张拉膜用）；5—索夹板

2.2.4 同一平面内不同方向多根拉索之间的连接可采用耳板式节点（图 2.2.4），使用耳板式节点时应使拉索轴线交汇于一点，避免连接板偏心受力。

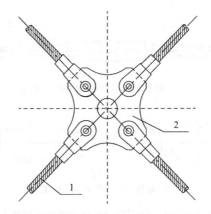

图 2.2.4 同一平面多根拉索耳板式连接
1—拉索；2—连接钢板

2.3 索与刚性构件的连接节点

2.3.1 横向加劲索系结构的拉索与作为横向加劲构件的桁架下弦的连接，可选用 U 形索夹（图 2.3.1）或螺栓，在构造上应满足桁架下弦与索之间可以产生转角位移而不产生相对线位移的要求。

2.3.2 张弦结构拉索与横梁或立柱的连接节点形式中，耳板式节点（图 2.3.2）最为常见且构造最为简单。在梁下侧或柱旁侧焊接一块节点板作为锚板，拉索或者钢拉杆端部的叉耳直接与锚板相连，一般设计为销轴耳板式构造。对于拉索数量较多、锚板布置集中的桅杆节点，需要对节点局部进行加强处理，必要时采用铸钢制作，并进行有限元分析以保证节点的安全性。

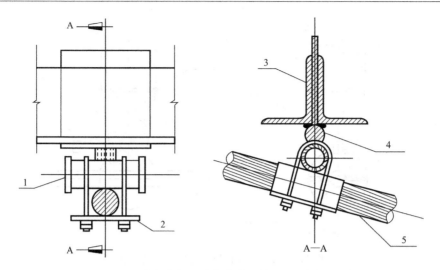

图 2.3.1 角钢桁架下弦与拉索连接的 U 形索夹节点
1—圆钢管；2—U 形夹具；3—桁架下弦；4—圆钢；5—拉索

2.3.3 张弦结构撑杆与上弦构件及下弦拉索的连接形式分为以下几种：

（1）单向张弦结构的撑杆下节点是实现拉索与撑杆之间传力的连接节点，一般情况下拉索从节点中心穿过，且要求节点能够承受一定的不平衡力，拉索不会产生滑移。单根拉索情况，可采用球节点或圆柱节点形式，相应的索夹压板可为球形（图 2.3.3-1、图 2.3.3-2）或瓦形（图 2.3.3-3），索夹节点螺栓宜采用强度 8.8 或10.9 级的六角螺栓。对双根拉索情况，拉索在节点两侧平行对称排列。单向张弦结构的撑杆与上弦杆件连接节点如图 2.3.3-4 所示。

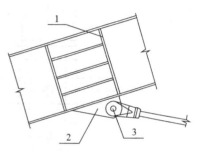

图 2.3.2 拉索与横梁耳板节点
1—肋板；2—锚板；3—销轴

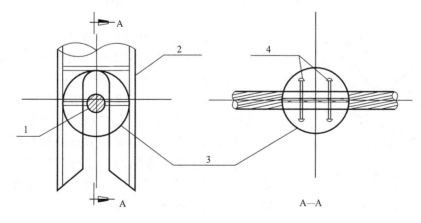

图 2.3.3-1 在撑杆内的球形索夹点
1—拉索；2—撑杆；3—球形压板；4—紧固螺栓

29

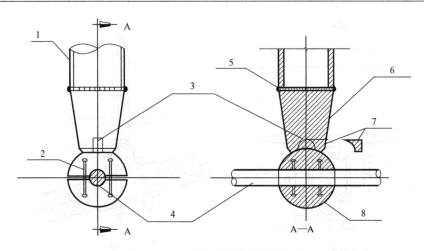

图 2.3.3-2　在撑杆端部的球形索夹节点

1—撑杆；2—紧固螺栓；3—圆凸钢销；4—拉索；5—焊缝；6—铸钢圆锥杆；7—限位销；8—球形压板

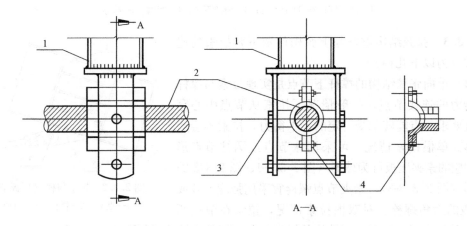

图 2.3.3-3　与撑杆连接的瓦形索夹节点

1—方钢管撑杆；2—拉索；3—高强螺栓；4—铸钢索瓦

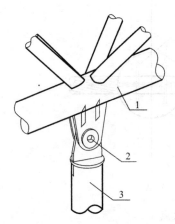

图 2.3.3-4　单向张弦结构
撑杆上节点

1—下弦杆；2—销轴；3—撑杆

（2）双向张弦结构的拉索呈双方向交叉布置，其撑杆节点与单向张弦结构不同。由于撑杆可能发生任意方向的转动，双向张弦结构的撑杆上节点通常要求设计为万向铰形式；撑杆下节点仍可采用单向张弦结构的节点形式，索夹节点需要增加一层以夹紧另一个方向拉索。当拉索在节点两侧角度变化不大时，可类似主受力方向的节点处理方式，使拉索从索夹节点中穿过；当拉索在节点两侧角度变化较大时，可使拉索断开，采用耳板式节点连接两侧拉索（图 2.3.3-5）。

（3）辐射式张弦结构体系撑杆上节点通常为沿径向单向铰接，可采用耳板式节点连接。撑杆下节点若没有设置环向拉索，节点形式与单向张弦结构类似；

若有环向拉索，环索与撑杆通常采用索夹节点连接。某体育场罩棚环索与撑杆及斜索连接采用索夹节点（图2.3.3-6）。

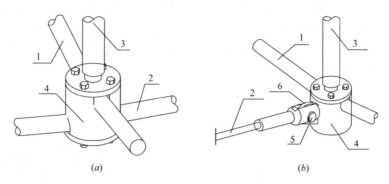

图 2.3.3-5　双向张弦结构撑杆下节点
（a）拉索从索夹节点中穿过；（b）拉索断开
1——一个方向的拉索；2——另一方向的拉索；3——撑杆；4——索夹；5——销轴；6——耳板

图 2.3.3-6　某工程环索与撑杆及斜索连接索夹节点

2.3.4　弦支穹顶结构下弦节点应由环索、斜索、撑杆构成，斜索与撑杆宜采用耳板式节点连接，环索与撑杆宜采用索夹节点连接（图2.3.4）。

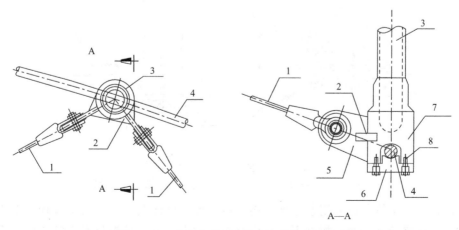

A—A

图 2.3.4　弦支穹顶下弦拉索与撑杆连接节点
1—斜索；2—加劲肋；3—撑杆；4—环索；5—耳板；6—索夹；7—铸钢节点；8—固定螺栓

2.3.5　索穹顶结构撑杆上节点需连接多个方向脊索、斜索和撑杆，斜索和撑杆之间及脊索和撑杆之间宜采用耳板式节点连接，而脊索之间宜采用索夹节点连接（图2.3.5-1）。如果此处拉索可断开，则可都采用耳板连接。需要注意的是，不同直径拉索采用耳板连接方式共用一块节点板时，此板件厚度首先要满足所连接的每根索的受力要求，同时其厚度通常按照较小直径拉索确定，确保其顺利安装，而大直径拉索则采用在销轴处贴板局部加厚的处理与节点板连接。

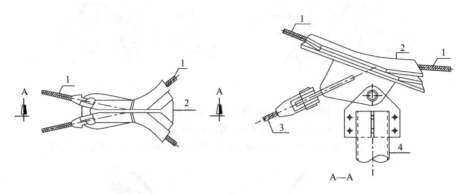

图 2.3.5-1　索穹顶上弦节点的连接
1—脊索；2—脊夹具；3—斜索；4—撑杆

索穹顶结构撑杆下节点（图2.3.5-2）需要连接斜索、环索和撑杆，且大跨度索穹顶的外圈环索受力很大，根数较多，需考虑多根拉索的布置，如分上下两排布置，或在径向分2列或者3列布置等。索穹顶结构撑杆下节点汇集杆件多，形状和受力较为复杂，大多采用铸钢制成且需要通过有限元分析确定节点的安全性。

对于内拉环来说，由于所有轴线的内脊索和内环索都需要连接到内拉环上，内拉环受力一般较大，且多根拉索节点板布置比较密集，设计时需注意控制其应力不宜过高。

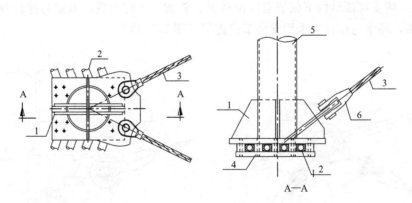

图 2.3.5-2　索穹顶下弦节点的连接
1—加劲肋；2—环索；3—斜索；4—索夹具；5—撑杆；6—锚具

天津理工大学体育馆采用索穹顶结构，该工程的撑杆上节点为铸钢耳板式节点，耳板与中心柱体浇筑在一起。撑杆下节点由耳板、索夹组成，耳板与索夹整体用铸钢制成（图2.3.5-3）。

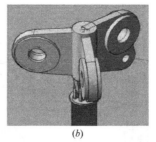
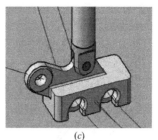

(a)　　　　　　　　　　(b)　　　　　　　　　　(c)

图 2.3.5-3　天津理工大学体育馆

(a) 效果图；(b) 外环脊索耳板节点（撑杆上节点）；(c) 中环索夹节点（撑杆下节点）

2.4　索与支承构件的连接节点

2.4.1　拉索与支承构件的连接应采用传力可靠、预应力损失低且施工便利的锚具，尤其应保证锚固区的局部承压强度和刚度。可张拉的拉索锚具与支座的连接应保证张拉区有足够的施工空间，便于张拉施工操作。对于张拉节点，设计时应根据可能出现的节点预应力超张拉情况，验算节点承载力。张拉节点应有可靠的防松弛措施。

2.4.2　拉索与钢筋混凝土支承构件的连接宜通过预埋钢管或预埋锚栓将拉索锚固（图 2.4.2）。拉索与混凝土支承构件的连接尤其应保证锚固区的局部承压强度和刚度，应设置必要的加劲肋、加劲环或加劲构件等加强措施。

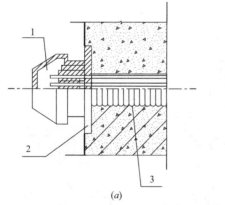

(a)　　　　　　　　　　　　　　(b)

1—OVM型锚具；2—钢垫板；3—预埋金属波纹管　　1—螺杆；2—固定螺母；3—预埋钢管；4—索头

图 2.4.2　拉索与钢筋混凝土支承结构的连接

(a) 预埋金属波纹管；(b) 预埋钢管

2.4.3　拉索与钢支承构件的连接方式取决于边界结构的设计、预应力施加方式和索端头类型的选择，可分为以下几种形式：

（1）拉索与支承钢柱或钢梁的连接可采用螺杆连接（图 2.4.3-1、图 2.4.3-2）。

（2）多跨索结构的情况下，中间跨处拉索与支承构件应尽量采用具有鞍形支座的连续索节点，可以减少索端头的数量并简化预应力施工工艺。

（3）径向拉索与支承钢环梁的连接可采用耳板式连接。采用带有叉耳式端头的拉索（图 2.4.3-3），通过辅助工装施加预应力将拉索安装并张拉到位。

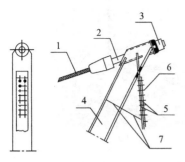

图 2.4.3-1　拉索与钢柱连接

1—拉索；2—调节螺杆；3—锚固螺母；
4—斜柱；5—锚板；6—高强螺栓；
7—加劲钢板

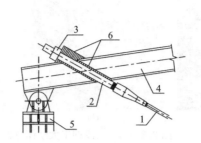

图 2.4.3-2　拉索与钢梁连接

1—拉索；2—调节螺杆；3—锚固螺母；
4—钢梁；5—钢柱；6—螺旋筋

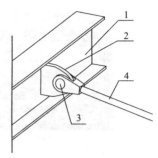

图 2.4.3-3　径向拉索与
支承钢环梁的连接

1—钢环梁；2—耳板；3—销轴；
4—拉索

2.5　索与围护结构的连接节点

2.5.1　拉索与屋面钢檩条的连接应用最多的节点形式是索夹节点，常用如图 2.5.1（a）所示的 U 形索夹连接和图 2.5.1（b）所示的螺栓索夹连接。U 形索夹连接通过 U 形夹和螺母夹紧索，使得 U 形夹和索、索和檩条之间产生摩擦力，进而固定檩条；螺栓索夹连接通常被应用在需要铰接连接的工程中，可以提高现场的安装施工速度。

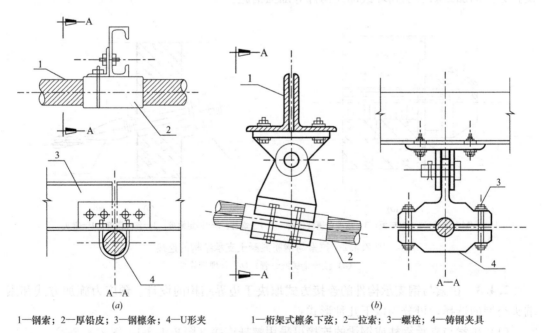

1—钢索；2—厚铅皮；3—钢檩条；4—U 形夹　　　1—桁架式檩条下弦；2—拉索；3—螺栓；4—铸钢夹具

图 2.5.1　拉索与屋面钢檩条连接

（a）U 形索夹节点；（b）螺栓索夹连接

2.5.2　支承玻璃幕墙（屋面）的索网节点连接除应满足传力可靠的要求外，还应同时满足与玻璃构件的连接要求，可分为如下几类：

（1）拉索与玻璃屋面的连接节点可采用图 2.5.2-1 所示的压块索夹连接，应确保连续拉索在节点处不滑动。

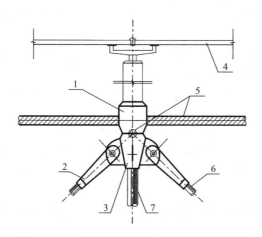

图 2.5.2-1　拉索与玻璃屋面用压块索夹连接

1—铸钢前压块；2—耳板；3—铸钢索后压块；4—玻璃屋面；5—拉索；6—拉杆；7—圆钢管腹杆

（2）单向竖索与玻璃幕墙的连接节点（图 2.5.2-2a）由竖索、索夹与玻璃夹具构成。

（3）不同方向的连续拉索与玻璃幕墙连接的交叉节点（图 2.5.2-2b、c）由横索、竖索、索夹与玻璃夹具构成。索夹节点可通过构造实现横竖索定角度或可调角度。索夹与索体之间的摩擦力应大于夹具两侧索体的索力之差。

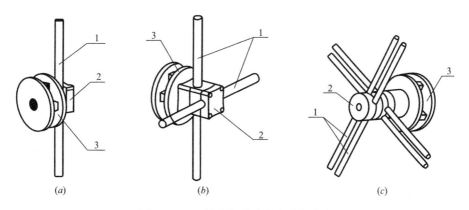

图 2.5.2-2　拉索与玻璃幕墙连接节点

（a）单向竖索与玻璃幕墙连接；（b）横竖索定角度夹具连接；（c）横竖索可调角度夹具连接

1—拉索；2—索夹；3—玻璃夹具

参 考 文 献

[1]　索结构技术规程（JGJ 257—2012）[S]. 北京：中国建筑工业出版社，2012.

[2]　铸钢节点应用技术规程（CECS 235：2008）[S]. 北京：中国计划出版社，2008.

[3]　钢结构设计标准（GB 50017—2017）[S]. 北京：中国建筑工业出版社，2018.

［4］ 玻璃幕墙工程技术规范（JGJ 102—2003）［S］. 北京：中国建筑工业出版社，2003.

［5］ 任俊超. Galfan 拉索在空间结构中的应用及其节点设计［J］. 建筑结构，2014（04）：59-62.

［6］ 毋英俊，陈志华，邢长利，等. 茌平体育馆弦支穹顶撑杆下端铸钢节点有限元分析［Z］. 上海：2010.5.

［7］ 严仁章. 滚动式张拉索节点弦支穹顶结构分析及试验研究［D］. 天津大学，2015.

［8］ 邢海东. 索托结构的理论分析与工程实践［D］. 西安建筑科技大学，2011.

［9］ 陈志华，毋英俊. 弦支穹顶滚动式索节点研究及其结构体系分析［J］. 建筑结构学报，2010（S1）：234-240.

［10］ 徐国彬，崔玲. 新式索托结构［J］. 空间结构，2000（01）：27-33.

［11］ 季申增. 悬索桥主缆与索鞍间侧向力及摩擦滑移特性分析［D］. 西南交通大学，2017.

［12］ 陈志华，方至炜，闫翔宇. 北方学院体育馆弦支穹顶撑杆上节点构造优化分析［Z］. 山东聊城：2016.6.

［13］ 孙文波，陈汉翔，王剑文，等. 索网结构中主次索连接节点构造研究［J］. 施工技术，2006（09）：45-46.

［14］ 于敬海，张中宇，闫翔宇，等. 天津理工大学体育馆索穹顶结构设计［Z］. 山东聊城：2016.5.

第3章 节点材料

3.1 节点材料选用基本原则

3.1.1 应综合考虑构件的重要性和荷载特征、结构形式和连接方法、应力状态、工作环境以及钢材品种和厚度等因素，合理地选用索结构节点用钢材的牌号、质量等级及其性能要求，并应在设计文件中完整地注明对钢材的技术要求。

3.1.2 索结构节点采用的热轧钢材应按现行《钢结构设计标准》GB 50017 的规定选用；采用的铸钢件应按现行《铸钢结构技术规程》JGJ/T 395 的规定选用。所用钢材（包括热轧钢与铸钢）性能要求为：

（1）应具有屈服强度、抗拉强度、伸长率等力学性能和冷弯试验的合格保证；

（2）应具有碳、硫、磷等化学成分的合格保证；

（3）涉及焊接时，尚应具有良好的焊接性能，其碳当量或焊接裂纹敏感性指数应符合相关标准的规定；

（4）抗震设防时，索结构节点钢材的屈服强度实测值与抗拉强度实测值的比值应不大于 0.85、伸长率应不小于 20%、应具有明显的屈服台阶及合格的冲击韧性。

3.1.3 索结构节点采用的高强度螺栓连接副的强度等级、规格、材质和性能要求应符合现行标准《钢结构用高强度大六角头螺栓》GB/T 1228、《钢结构用高强度大六角螺母》GB/T 1229、《钢结构用高强度垫圈》GB/T 1230 和《钢结构用高强度大六角头螺栓、大六角螺母、垫圈技术条件》GB/T 1231 或《钢结构用扭剪型高强度螺栓连接副》GB/T 3632、《钢结构用扭剪型高强度螺栓连接副技术条件》GB/T 3633 的规定要求。

3.1.4 索结构节点采用的焊条、焊丝及焊剂型号应与主体金属力学性能相适应，对直接承受动力荷载或振动荷载且需要验算疲劳的节点，宜采用低氢型焊条。

（1）手工焊接焊条的选用应符合现行标准《非合金钢及细晶粒钢焊条》GB/T 5117 和《热强钢焊条》GB/T 5118 的规定要求；

（2）自动焊接或半自动焊接采用的焊丝和相应的焊剂应符合现行标准《熔化焊用钢丝》GB/T 14957、《气体保护电弧焊用碳钢、低合金钢焊丝》GB/T 8110、《碳钢药芯焊丝》GB/T 10045 和《低合金钢药芯焊丝》GB/T 17493 的规定要求；

（3）埋弧焊用焊丝和焊剂应符合现行国家标准《埋弧焊用碳钢焊丝和焊剂》GB/T 5293 和《埋弧焊用低合金钢焊丝和焊剂》GB/T 12470 的规定要求。

3.1.5 索结构节点用涂装材料应符合现行行业标准《建筑钢结构防腐蚀技术规程》JGJ/T 251 和国家标准《钢结构防火涂料通用技术条件》GB 14907 的规定要求。

3.2 热轧钢材的选用方法与要求

3.2.1 索结构节点用热轧钢材的牌号宜选用 Q345 钢（有可靠依据时，可用 Q355 钢替代 Q345 钢，以下类同）、Q390 钢和 Q420 钢，其材料性能应符合现行国家标准《低合金高强度结构钢》GB/T 1591 的规定。有依据时可选用其他高强度级别的钢材[1]。

（1）选用的节点钢材应具有较小的厚度效应（即随厚度增加而强度折减的效应），其强度折减幅度最大不宜大于 10%。对于厚板（$t=50\sim100$mm）板材，应选用符合现行国家标准《建筑结构用钢板》GB 19879 的优质低合金钢 Q345GJ（C、D、E 级）。

（2）当抗震设防烈度或重要性类别较高时，应选用其中较高的质量等级。其焊接性能可由现行标准规定的碳当量或焊接裂纹敏感指数限值等予以保证。

（3）对厚度 $t\geqslant40$mm 的厚板，并当有沿厚度方向的撕裂拉力作用时，应选用符合现行国家标准《厚度方向性能钢板》GB/T 5313 的钢板，当 Z 向性能要求一般时可选用 Z15 级钢，当抗震设防烈度更高且重要性类别亦较高时可选用 Z25 级钢，当有更高要求时也可选用 Z35 级钢。

（4）厚度大于 50mm 的钢板，应进行超声波探伤检查，并符合 GB/T 2970 中 Ⅱ 级的规定。

3.2.2 索结构节点采用的热轧钢材质量等级应依据以下原则确定：

（1）质量等级不宜低于 B 级。

（2）对于厚度不小于 40mm 的受拉板件，当其工作温度低于 -20℃时，宜适当提高其所用钢材的质量等级。

（3）对处于外露环境且对大气腐蚀有特殊要求的情况，或对处于腐蚀性气态和固态介质作用下的情况，宜采用耐候钢，其质量要求应符合现行国家标准《耐候钢结构钢》GB/T 4171 的规定。

3.2.3 Q345、Q390、Q420 设计用强度指标如表 3.9-1 所示；Q345GJ（Z）设计用强度指标如表 3.9-2 所示。

3.3 铸钢材料的选用方法与要求

3.3.1 焊接结构用铸钢节点宜选用材料牌号 ZG230-450H、ZG270-480H、ZG300-500H 和 ZG340-550H 的铸钢件，其材料性能应符合现行国家标准《焊接结构用铸钢件》GB/T 7659 的规定，也可选用牌号 G17Mn5QT、G20Mn5N 和 G20Mn5QT 的铸钢件，其材料性能应符合现行《铸钢结构技术规程》JGJ/T 395 的规定，设计用强度设计指标见表 3.9-3。

3.3.2 非焊接结构用铸钢节点宜选用材料牌号 ZG230-450、ZG270-500、ZG310-570 和 ZG340-640 的铸钢件，其材料性能应符合现行国家标准《钢结构设计标准》GB 50017

和《一般工程用铸造碳钢件》GB/T 11352 的规定，设计用强度设计指标见表 3.9-4。

3.3.3 当选用其他牌号的铸钢件时，应提供质量证明文件，并经技术经济比较和论证后方可使用。

3.3.4 索结构节点中与铸钢件连接的非铸钢构件，其钢材牌号、材质及性能宜与相关铸钢构件相匹配，并应符合现行国家标准《钢结构设计标准》GB 50017 的规定。

3.3.5 铸钢件壁厚不宜大于 150mm，当壁厚很大时应考虑厚度效应引起的屈服强度、伸长率、冲击功等的降低。各类可焊节点铸钢件的材料性能要求可按表 3.9-5 选用，非焊接节点铸钢件的材料性能要求亦可参照表 3.9-5 选用，但可不要求碳当量作为保证条件。

3.4 高强螺栓连接材料的选用方法与要求

3.4.1 索结构节点连接中的传力螺栓一般应选用高强螺栓，其强度级别宜选用 10.9 级，并宜按摩擦型高强螺栓连接设计，相应 Q345、Q390、Q420 钢抗滑移系数宜取 0.35～0.45。在考虑罕遇地震时可容许摩擦面滑移，此时其极限承载力可按承压型连接计算。

3.4.2 在施工图纸的设计说明上应明确说明所要求高强螺栓的强度级别、直径、类别、抗滑移系数及预拉力等；应明确说明螺母、垫圈的材质与性能要求；同时还应注明高强度螺栓、螺母、垫圈的材料复验要求及连接的工程质量验收要求。所提要求必须满足现行标准《钢结构高强度螺栓连接的设计、施工及验收规程》JGJ 82 和《钢结构工程施工质量验收规范》GB 50205 的规定。

3.4.3 高强螺栓连接的强度指标见表 3.9-6；高强螺栓、螺母、垫圈的性能等级和材料见表 3.9-7；高强螺栓、螺母、垫圈的使用配合见表 3.9-8。

3.5 焊接连接材料的选用方法与要求

3.5.1 索结构节点用焊接材料应根据施焊环境条件、焊接方法、钢材品种、强度、厚度、碳当量指标、焊接裂纹敏感指数、热处理要求与焊缝构造要求等因素，按现行国家标准《钢结构设计标准》GB 50017 和《钢结构焊接规范》GB 50661 的规定，选用合适牌号和性能的焊条、焊丝和焊剂，焊缝的强度指标见表 3.9-9。

3.5.2 壁厚较厚和形状复杂的钢构件，焊接材料应通过焊接工艺评定确定。

3.6 索夹材料的选用方法与要求

3.6.1 小型索夹可采用钢板加工而成，大型索夹宜采用铸钢件。

3.6.2　索夹材料应采用具有良好延性的低合金钢或者铸钢件，按照 3.2 及 3.3 的方法与要求选用。

3.6.3　索夹中的紧固件应采用摩擦型大六角头螺栓，按照 3.4 的方法与要求选用。在高强螺栓紧固力的作用下，发生一定塑性变形的索夹有利于索体表面均匀受压，更好地夹持住索体，因此索夹材料必须有较好的塑性变形能力，强度不必过高。由于索夹受力情况较为复杂，且高强螺栓预紧后会出现明显的紧固力损失，因此应采用摩擦型大六角头螺栓，不应采用扭剪型高强螺栓，以便根据实际情况调整预紧力或二次预紧。

3.6.4　索夹上的高强螺栓孔分为穿孔和沉孔两类。沉孔类索夹板上的内螺牙长度应保证施工预紧高强螺栓时螺牙处于弹性应力状态。由于索夹材料强度远低于高强螺栓，索夹板上沉孔的内螺牙强度较低，需要较长的螺牙长度。但根据螺牙受力特性，过长的远端螺牙不能有效承载，因此受索夹板上沉孔内螺牙承载力限制，沉孔型索夹高强螺栓宜选用强度相对较低的 8.8 级。

3.6.5　索结构节点 U 形夹常采用 304 不锈钢，其材料性能应符合现行国家标准《不锈钢冷轧钢板和钢带》GB/T 3280 的规定。

3.7　其他连接构件的材料选用方法与要求

3.7.1　索结构节点中的地锚螺杆，既是锚具的一部分，也是索产品的一部分，一般由索的生产厂家提供。结构设计时应根据锚固节点的受力特点进行专门设计。地锚螺杆常采用 40Cr、45Cr 或者氮化钢 38CrMoAl，宜采用锻件，其材质应符合现行国家标准《合金结构钢》GB/T 3077 的规定。

3.7.2　螺杆连接节点中的螺杆杆体及组件可采用低合金高强度结构钢和合金结构钢等材料，其牌号及化学成分应分别符合 GB/T 1591 和 GB/T 3077 等标准的要求。

3.7.3　要求耳板受拉破坏形态为延性破坏，不能为脆性破坏，故耳板材料应采用具有良好延性的低合金钢或者铸钢件，当需要焊接时耳板应具有良好的焊接性能，应依据 3.2 与 3.3 的方法和要求选用。耳板用钢板可选用 Q345、Q390 和 Q420 等，铸钢件可选用 G17Mn5、G20Mn5 等。

3.7.4　销轴材料应采用调质处理的高强度合金钢，宜采用 Q345、Q390、Q420 钢材，也可采用 45 号钢、35CrMo、40Cr 等钢材，其材料选用和热处理要求见表 3.9-10，力学性能见表 3.9-11 和表 3.9-12，其材料性能应符合现行国家标准《优质碳素结构钢》GB/T 669、《低合金高强度结构钢》GB/T 1591 和《合金结构钢》GB/T 3077 的规定。

3.7.5　关节轴承所用轴承钢应符合现行国家标准《滚动轴承　通用技术规则》GB/T 307.3 的规定。

3.7.6　可滑动节点中索鞍鞍体钢板、铸钢件应按 3.2 与 3.3 的方法与要求选用，可滑动节点高强度螺栓连接副应按 3.4 的方法与要求选用，可滑动节点焊接材料应按 3.5 的方法与要求选用。

3.8 涂装材料的选用原则

3.8.1 索结构节点用涂装材料应综合考虑环境条件、材质、结构形式、使用要求、施工条件、耐火时间和维护管理条件等因素，合理地选用防腐涂料和防火涂料的类型、厚度及其性能要求。

3.8.2 涂装材料应符合现行行业标准《建筑钢结构防腐蚀技术规程》JGJ/T 251 和国家标准《钢结构防火涂料》GB 14907 的规定。

3.8.3 索结构节点应考虑使用场合采取防腐、防火措施，条件允许时，应优先采用长效防腐、防火技术。节点的设计使用年限宜与索体相同。

3.9 附表

本章引用的各项材料性能指标见表 3.9-1～表 3.9-12。

Q345、Q390、Q420 强度设计值（N/mm²）[1]　　　　　表 3.9-1

钢材牌号		钢材厚度或直径（mm）	强度设计值			屈服强度 f_y	抗拉强度 f_u
			抗拉、抗压、抗弯 f	抗剪 f_v	端面承压（刨平顶紧）f_c		
低合金高强度结构钢	Q345	≤16	305	175	400	345	470
		>16,≤40	295	170		335	
		>40,≤63	290	165		325	
		>63,≤80	280	160		315	
		>80,≤100	270	155		305	
	Q390	≤16	345	200	415	390	490
		>16,≤40	330	190		370	
		>40,≤63	310	180		350	
		>63,≤100	295	170		330	
	Q420	≤16	375	215	440	420	520
		>16,≤40	355	205		400	
		>40,≤63	320	185		380	
		>63,≤100	305	175		360	

注：1. 表中直径指实芯棒材直径，厚度系指计算点的钢材或钢管壁厚度，对轴心受拉和受压杆件系指截面中较厚板件的厚度。
　　2. 冷弯型材和冷弯钢管，其强度设计值应按国家现行有关标准的规定采用。

Q345GJ（Z）强度设计值（N/mm²）[1]　　　　　表 3.9-2

建筑结构用钢板	钢材厚度或直径（mm）	强度设计值			屈服强度 f_y	抗拉强度 f_u
		抗拉、抗压、抗弯 f	抗剪 f_v	端面承压（刨平顶紧）f_c		
Q345GJ（Z）	>16,≤50	325	190	415	345	490
	>50,≤100	300	175		335	

焊接结构用铸钢件强度设计值（N/mm²）[2]　　　　　　　　表 3.9-3

钢号	铸件厚度（mm）	强度设计值			屈服强度 f_y	抗拉强度 f_u
		抗拉、抗压、抗弯 f	抗剪 f_v	端面承压（刨平顶紧）f_c		
ZG230-450H	≥16 且≤50	175	105	290	230	450
	>50 且≤75	170	100			
	>75 且≤100	155	90			
	>100 且≤150	145	80			
ZG270-480H	≥16 且≤50	210	120	310	270	480
	>50 且≤75	200	115			
	>75 且≤100	185	105			
	>100 且≤150	165	95			
ZG300-500H	≥16 且≤50	230	135	325	300	500
	>50 且≤75	220	125			
	>75 且≤100	205	120			
	>100 且≤150	185	105			
ZG340-550H	≥16 且≤50	260	150	355	340	550
	>50 且≤75	250	145			
	>75 且≤100	230	135			
	>100 且≤150	210	120			
G17Mn5QT	≥16 且≤50	185	105	290	240	450
	>50 且≤75	175	100			
	>75 且≤100	165	95			
	>100 且≤150	150	85			
G20Mn5N G20Mn5QT	≥16 且≤50	230	135	310	300	480
	>50 且≤75	220	125			
	>75 且≤100	205	120			
	>100 且≤150	185	105			

注：各牌号铸钢的强度设计值按本表取值时，应保证其材质的力学性能指标符合《铸钢结构技术规程》JGJ/T 395 中附录 A 中的规定。

非焊接结构用铸钢件强度设计值（N/mm²）[1][10]　　　　　　表 3.9-4

钢号	铸件厚度（mm）	强度设计值			屈服强度 f_y	抗拉强度 f_u
		抗拉、抗压、抗弯 f	抗剪 f_v	端面承压（刨平顶紧）f_c		
ZG230-450	≤100	180	105	290	230	450
ZG270-500		210	120	325	270	500
ZG310-570		240	140	370	310	570

注：表中强度设计值仅适用于本表规定的厚度。

可焊铸钢件材性选用要求[2]　　　　　　　　表 3.9-5

序号	荷载特征	受力状态	工作环境温度（℃）	要求性能项目	适用铸钢牌号
1	承受静力荷载或间接承受动力荷载	简单受力状态（单、双受力状态）	>-20℃	屈服强度、抗拉强度、伸长率、断面收缩率、碳当量、常温冲击功 $A_{KV} \geqslant 34J$	ZG230-450H ZG270-480H ZG300-500H ZG340-550H G20Mn5N
2			≤-20℃	屈服强度、抗拉强度、伸长率、断面收缩率、碳当量、0℃冲击功 $A_{KV} \geqslant 34J$	ZG270-480H ZG300-500H ZG340-550H G20Mn5N
3		复杂受力状态（三向受力状态）	>-20℃	屈服强度、抗拉强度、伸长率、断面收缩率、碳当量、0℃冲击功 $A_{KV} \geqslant 34J$	
4			≤-20℃	屈服强度、抗拉强度、伸长率、断面收缩率、碳当量、-20℃冲击功 $A_{KV} \geqslant 34J$	ZG300-500H ZG340-550H G17Mn5QT G20Mn5N
5	承受直接动力荷载或7～9度设防的地震作用	简单受力状态（单、双受力状态）	>-20℃	屈服强度、抗拉强度、伸长率、断面收缩率、碳当量、0℃冲击功 $A_{KV} \geqslant 34J$	ZG270-480H ZG300-500H ZG340-550H G20Mn5N
6			≤-20℃	屈服强度、抗拉强度、伸长率、断面收缩率、碳当量、-20℃冲击功 $A_{KV} \geqslant 34J$	ZG300-500H ZG340-550H G17Mn5QT G20Mn5N
7		复杂受力状态（三向受力状态）	>-20℃	屈服强度、抗拉强度、伸长率、断面收缩率、碳当量、-20℃冲击功 $A_{KV} \geqslant 34J$	ZG300-500H ZG340-550H G17Mn5QT G20Mn5N
8			≤-20℃	屈服强度、抗拉强度、伸长率、断面收缩率、碳当量、-40℃冲击功 $A_{KV} \geqslant 34J$	ZG300-500H ZG340-550H G17Mn5QT G20Mn5N G20Mn5QT

注：1. 当设计要求屈强比、收缩率、低温冲击吸收能量或碳当量限值，而铸钢材料标准中无此相应指标时，应在订货时作为附加保证条件提出要求。
　　2. 选用 ZG 牌号铸钢时，宜要求其含碳量不大于 0.22%，磷、硫含量均不大于 0.03%。
　　3. 选用铸钢材料时，亦可按性能要求，提出降低硫、磷或采用热处理工艺等附加技术要求，提高铸件的延性、抗冲击韧性和焊接性能。

高强螺栓连接的强度指标（N/mm²）[1]　　　　　　　　表 3.9-6

螺栓的性能等级和连接构件的钢材牌号		强度设计值			高强度螺栓的抗拉强度 f_u^b
		承压型连接高强螺栓			
		抗拉 f_t^b	抗剪 f_v^b	承压 f_c^b	
承压型连接高强度螺栓	8.8级	400	250	—	830
	10.9级	500	310	—	1040
所连接构件钢材牌号	Q345			590	
	Q390			615	
	Q420			655	
	Q345GJ			615	

注：摩擦型连接的高强度螺栓钢材的抗拉强度最小值与表中承压型连接的高强度螺栓相应值相同。

高强度螺栓、螺母、垫圈的性能等级和材料[7] 表3.9-7

类型	性能等级	推荐材料	标准编号	适用规格
螺栓	10.9S	20MnTiB	GB/T 3077	≤M24
		35VB		≤M30
	8.8S	45、35	GB/T 699	≤M20
		20MnTiB、40Cr	GB/T 3077	≤M24
		35CrMo	GB/T 3077	≤M30
		35VB		
螺母	10H	45、35	GB/T 699	
	8H			
垫圈	HRC35～45	45、35	GB/T 699	

高强度螺栓、螺母、垫圈使用配合表[7] 表3.9-8

类别	螺栓	螺母	垫圈
型式尺寸	按 GB/T 1228 规定	按 GB/T 1229 规定	按 GB/T 1230 规定
性能等级	10.9S	10H	35HRC～45HRC
	8.8S	8H	35HRC～45HRC

焊缝的强度指标（N/mm²）[1] 表3.9-9

焊接方法和焊条型号	构件钢材		对接焊缝强度设计值				角焊缝强度设计值	对接焊缝抗拉强度 f_u^w	角焊缝抗拉、抗压和抗剪强度 f_f^w
	牌号	厚度或直径(mm)	抗压 f_c^w	焊缝质量为下列等级时，抗拉 f_t^w		抗剪 f_v^w	抗拉、抗压和抗剪 f_f^w		
				一级、二级	三级				
自动焊、半自动焊和E43型焊条手工焊	Q235	≤16	215	215	185	125	160	415	240
		>16,≤40	205	205	175	120			
		>40,≤100	200	200	170	115			
自动焊、半自动焊和E50、E55型焊条手工焊	Q345	≤16	305	305	260	175	200	480(E50) 540(E55)	280(E50) 315(E55)
		>16,≤40	295	295	250	170			
		>40,≤63	290	290	245	165			
		>63,≤80	280	280	240	160			
		>80,≤100	270	270	230	155			
	Q390	≤16	345	345	295	200	200(E50) 220(E55)		
		>16,≤40	330	330	280	190			
		>40,≤63	310	310	265	180			
		>63,≤100	295	295	250	170			
自动焊、半自动焊和E50、E60型焊条手工焊	Q420	≤16	375	375	320	215	220(E55) 240(E60)	540(E55) 590(E60)	315(E55) 340(E60)
		>16,≤40	355	355	300	205			
		>40,≤63	320	320	270	185			
		>63,≤100	305	305	260	175			
自动焊、半自动焊和E50、E55型焊条手工焊	Q345GJ	>16,≤35	310	310	265	180	200	480(E50) 540(E55)	280(E50) 315(E55)
		>35,≤50	290	290	245	170			
		>50,≤100	285	285	240	165			

销轴的材料选用及热处理要求[9]   表 3.9-10

材料			热处理（淬火并回火）	表面处理
种类	牌号	标准编号		
碳素钢	45	GB/T 699—2015	38～46HRC	氧化镀锌钝化
合金钢	30CrMnSiA	GB/T 3077—2015	35～41HRC	（磨削表面除外）
铜及其合金	H62	GB/T 5231—2012	—	—
	HPb59-1			
	QSi3-1			
特种钢	1Cr13、2Cr13	GB/T 1220—2007	—	—
	Cr17Ni2			
	1Cr18Ni9Ti			

45 号钢材料力学性能指标[5]   表 3.9-11

牌号	试样毛坯尺寸(mm)	推荐的热理制度			力学性能					交货硬度 HBW	
		正火	淬火	回火	抗拉强度 R_m(MPa)	下服屈强度 R_{eL}(MPa)	断后伸长率 A(%)	断面收缩率 Z(%)	冲击吸收能量 KU_2(J)	未热处理钢	退火钢
		加热温度（℃）			≥					≤	
45	25	850	840	600	600	355	16	40	39	229	197

注：1. 表中的力学性能适用于公称直径或厚度不大于80mm的钢棒。

2. 公称直径或厚度大于80～250mm的钢棒，允许其断后伸长率、断面收缩率比本表的规定分别降低2%（绝对值）和5%（绝对值）。

3. 公称直径或厚度大于120～250mm的钢棒，允许改锻（轧）成70～80mm的试料取样检验，其结果应符合本表的规定。

45Cr、35GrMo 钢材料力学性能指标[6]   表 3.9-12

牌号	试样毛坯尺寸(mm)	推荐的热处理制度					力学性能					供货状态为退火或高温回火钢棒布氏硬度 HBW
		淬火			回火		抗拉强度 R_m (MPa)	下屈服强度 R_{eL} (MPa)	断后伸长率 A (%)	断面收缩率 Z (%)	冲击吸收能量 KU_2(J)	
		加热温度（℃）		冷却剂	加热温度（℃）	冷却剂						
		第1次淬火	第2次淬火				≥					≤
40Cr	25	850	—	油	520	水、油	980	785	9	45	47	207
35GrMo	25	850	—	油	550	水、油	980	835	12	45	63	229

参 考 文 献

[1] 钢结构设计标准（GB 50017—2017）[S]. 北京：中国建筑工业出版社，2018.

[2] 铸钢结构技术规程（JGJ/T 395—2017）[S]. 北京：中国建筑工业出版社，2017.

[3] 索结构技术规程（JGJ 257—2012）[S]. 北京：中国建筑工业出版社，2012.

[4] 低合金高强度结构钢（GB/T 1591—2008）[S]. 北京：中国建筑工业出版社，2008.

[5] 优质碳素结构钢（GB/T 699—2015）[S]. 北京：中国标准出版社，2015.

[6] 合金结构钢（GB/T 3077—2015）[S]. 北京：中国标准出版社，2015.

[7] 钢结构用高强度大六角头螺栓、大六角螺母、垫圈技术条件（GB/T 1231—2006）[S]. 北京：中国建筑工业出版社，2006.

[8] 但泽义主编. 钢结构设计手册（第4版）[M]. 北京：中国建筑工业出版社，2018.

[9] 中国机械工程学会热处理学会编. 热处理手册（典型零件热处理）（第4版）[M]. 北京：机械工业出版社，2006.

[10] 一般工程用铸造碳钢件（GB/T 11352—2009）[S]. 北京：中国建筑工业出版社，2009.

第4章 节点设计原则

4.1 一般原则

4.1.1 索结构节点设计时，首先应进行概念设计，综合考虑建筑外观、节点传力方式并结合节点锚具和索体类型等确定节点连接形式，然后对节点进行具体构造设计。

4.1.2 制作索结构节点的材料选用应符合本书第3章的要求。

4.1.3 索结构节点的构造应与计算假定相符，做到传力路线简捷明确、安全可靠，构造简单合理并便于制作、安装和维护，具有较好的经济性。在节点构造设计中，应考虑结构安装偏差、索体松弛效应、预应力施加方式以及进行二次张拉和使用过程中索力调整的可能性。

4.1.4 索结构节点的强度（含局部承压强度）、刚度和受压板件的稳定性应满足现行国家标准《钢结构设计标准》GB 50017、《索结构技术规程》JGJ 257、《预应力钢结构技术规程》CECS 212、《铸钢结构技术规程》JGJ/T 395 的规定，并考虑节点刚度和变形的影响。

4.1.5 根据节点的重要性、受力大小和复杂程度，索结构节点的承载力设计值应不小于拉索内力设计值的 1.25~1.5 倍。

4.1.6 索结构主要受拉节点的焊缝质量等级应为一级，其他节点的焊缝质量等级应不低于二级。

4.1.7 对采用新材料或新工艺的重要、复杂节点，可根据实际情况进行足尺或缩尺模型的检验性或破坏性试验，节点模型试验的荷载工况应尽量与节点实际受力状态一致。节点检验性试验时的试验荷载应不小于最大内力设计值的 1.3 倍，破坏性试验时的试验荷载应不小于最大内力设计值的 2.0 倍。可根据需要对实际工程中的节点进行健康监测。

4.2 数值分析原则

4.2.1 索结构中复杂的连接节点应采用通用有限元软件进行数值模拟分析，验算其承载力和变形。节点数值分析模型应与实际节点的构造和形式一致，应根据节点约束形式确定与实际情况相符的边界条件。

4.2.2 索结构节点的有限元分析宜采用实体单元，径厚比或宽厚比不小于 10 的部位可采用板壳单元。在节点与构件连接处、节点内外表面拐角处等易于产生应力集中的部位，实体单元的最大边长不应大于该处最薄壁厚，其余部位的单元尺寸可适当增大，但单元尺寸变化应平缓，避免出现应力集中。分析中可进行不同单元类型、不同单元尺寸分析模型的对比计算，以保证计算精度。

4.2.3 索结构节点的有限元分析中，作用在节点上的外荷载和约束力应与设计相符。节点承受多种荷载工况组合时，应分别按每种荷载工况组合进行计算。

4.2.4 索结构节点弹塑性有限元分析中，当钢材具有较长的屈服平台时，材料的应力应变关系可采用理想弹塑性模型；为了便于数值分析，也可采用具有一定强化刚度的双折线模型，使应力-应变具有明确的对应关系，第二段折线的弹性模量可取第一段的 2%～5%。复杂应力状态下的强度准则一般采用 Von Mises 屈服条件。

4.2.5 索结构节点的极限承载力可根据弹塑性有限元分析得出的荷载-位移全过程曲线确定。当曲线具有明显的极值点时，取极值点为极限承载力；当曲线不具有明显的极值点时，取荷载-位移曲线中刚度首次减小为初始刚度 10% 时的荷载为极限承载力。节点承载力设计值不应大于弹塑性有限元分析所得极限承载力的 1/2。

4.3　防腐与防火

4.3.1 索结构节点应根据环境条件、材质、结构形式、使用要求、施工条件和维护管理条件等进行防火与防腐设计。设计文件中应注明对防护层进行定期检查和维护的要求，维护年限可根据结构的使用条件及防护层品种等确定。

4.3.2 索结构节点防腐设计文件应提出表面处理的质量要求，并对表面除锈等级、表面粗糙度、涂层结构、涂层厚度、涂装方法作出规定。除锈等级除应符合现行国家标准《涂装前钢材表面锈蚀等级和除锈等级》GB 8923 的有关规定外，尚应符合现行《建筑钢结构防腐蚀技术规程》JGJ/T 251 规定的不同涂料表面最低除锈等级的要求。

4.3.3 索结构节点的构造应便于涂装作业及检查工作，并避免积水和减少积尘。室外处于拉索下锚固区的索节点应设置排水孔等排水措施。

4.3.4 索结构节点可根据具体情况选用下列相适应的防腐措施：

（1）金属保护层（表面合金化镀锌、镀铝锌等）。

（2）防腐涂料：无侵蚀性或弱侵蚀性条件下，可采用油性漆、酚醛漆或醇酸漆等；中等侵蚀性条件下，宜采用环氧漆、环氧酯漆、过氧乙烯漆、氯化橡胶漆或氯醋漆等；防腐涂料的底漆和面漆应相互配套、具有相容性。

（3）外包材料防腐：外包材料应连续、封闭和防水；除拉索和锚具本身应采用耐锈蚀材料外包外，节点锚固区亦应采用外包膨胀混凝土、低收缩水泥砂浆、环氧砂浆密封或具有可靠防腐性能的外层保护套结合防腐油脂等材料将锚具密封。

4.3.5 索结构节点耐火极限应符合现行国家标准《建筑设计防火规范》GB 50016 的规定，应与节点所连接构件的最高耐火极限相同。

4.3.6 应根据索结构节点的耐火极限要求确定防火涂层的形式、性能及厚度等要求。防火涂料的性能及参数指标应符合现行国家标准《钢结构防火涂料通用技术条件》GB 14907 的规定。防火涂料应与底漆相容，并能结合良好。

4.3.7 采用板材外包防火构造时，索结构节点应进行除锈，并进行底漆和面漆涂装保护；当采用混凝土外包防火构造时，索节点应进行除锈，不应涂装防锈漆；板材外包防火构造的耐火性能、混凝土外包厚度及构造要求，应符合现行国家标准《建筑设计防火规范》GB 50016 的有关规定或通过试验确定。

4.3.8　对于直接承受振动作用的索结构节点，采用厚型防火涂层或外包构造时，应采取构造补强措施。

参 考 文 献

[1]　索结构技术规程（JGJ 257—2012）[S]. 北京：中国建筑工业出版社，2012.

[2]　预应力钢结构技术规程（CECS 212：2006）[S]. 北京：中国计划出版社，2006.

[3]　铸钢结构技术规程（JGJ/T 395—2017）[S]. 北京：中国建筑工业出版社，2017.

[4]　铸钢节点应用技术规程（CECS 235：2008）[S]. 北京：中国计划出版社，2008.

[5]　钢结构设计标准（GB 50017—2017）[S]. 北京：中国建筑工业出版社，2017.

[6]　建筑设计防火规范（GB 50016—2014）（2018 版）[S]. 北京：中国计划出版社，2018.

[7]　钢结构防火涂料通用技术条件（GB 14907—2002）[S]. 北京：中国标准出版社，2002.

[8]　色漆和清漆　防护涂料体系对钢结构的防腐蚀保护（GB/T 30790—2014）[S]. 北京：中国标准出版社，2014.

[9]　建筑钢结构防腐蚀技术规程（JGJ/T 251—2011）[S]. 北京：中国建筑工业出版社，2011.

[10]　钢结构防腐蚀涂装技术规程（CECS 343：2013）[S]. 北京：中国建筑工业出版社，2013.

第 5 章　螺杆连接节点

5.1　一般原则

5.1.1　螺杆连接是索结构节点连接的主要形式之一，在工程中广泛应用，主要用于索与索的连接、索与刚性构件的连接、索与支撑构件的连接等，有多种连接形式。有些螺杆本身是锚具的一部分（图 5.1.1-1），也是索产品的一部分，一般由索的生产厂家提供；有些则是结构设计时根据转换连接需要而专门设计，如锚杆螺杆连接中的锚杆、螺纹、转换构件等（图 5.1.1-2）。

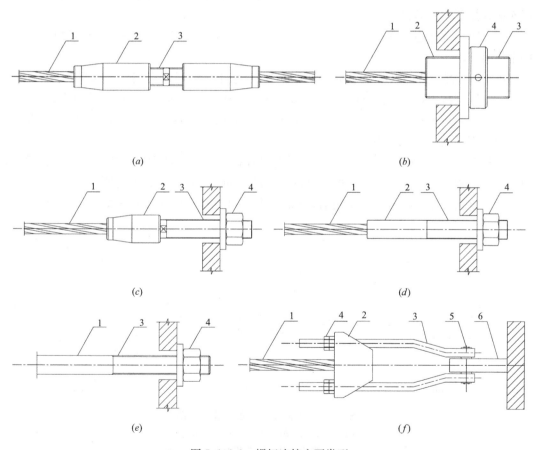

(a) 　　　　　　　　　　　　　　　　*(b)*

(c) 　　　　　　　　　　　　　　　　*(d)*

(e) 　　　　　　　　　　　　　　　　*(f)*

图 5.1.1-1　螺杆连接主要类型

（*a*）索-索螺杆连接；（*b*）锚杯螺杆连接；（*c*）冷（热）铸锚内螺杆连接；（*d*）压制接头螺杆连接

（*e*）钢拉杆螺杆连接；（*f*）双螺杆连接

1—索体；2—索头；3—螺杆；4—螺母；5—销轴；6—耳板；7—锚箱

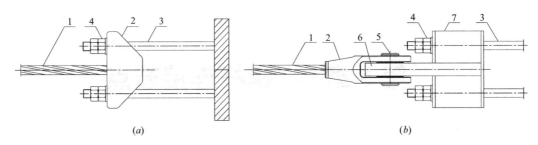

图 5.1.1-2　锚杆螺杆连接主要类型

（*a*）锚杆螺杆直接连接；（*b*）锚杆螺杆转换连接

1—索体；2—索头；3—螺杆；4—螺母；5—销轴；6—耳板；7—锚箱

5.1.2　索-索螺杆连接主要用于索体之间的接长连接。受生产、运输、安装等因素影响，单索一段不能太长，工程中当索体较长时，须先把索体分成若干段，然后各段索之间再通过螺杆连接（图 5.1.1-1*a*）。通过螺杆连接，不仅接长了索体，而且可运用螺杆对索体的长度进行微调，以抵消因索体加工、结构安装施工等引起的误差。

5.1.3　不同索头的承载力差异较大，对支承结构的要求也不同。对不同的索头，螺杆连接有如下各种形式：

（1）锚杯螺杆连接（图 5.1.1-1*b*）适用于索张力大、索径大的连接节点，这里锚杯直接用作螺杆。

（2）冷（热）铸锚内螺杆连接（图 5.1.1-1*c*）适用于索径较大、索张力大的连接节点。

（3）压制接头螺杆连接（图 5.1.1-1*d*）适用于索力小、索径较小的连接节点。

工程中当索力较大时，可根据生产工艺、结构连接节点构造、结构施工安装等要求，把一根大直径的索用几根小直径索替代。

5.1.4　当索与刚性结构、支承等采用螺杆连接，且索的拉力通过螺母的承压传递时，由于承压位置不同，节点所采用的连接形式也就不同。承压位置选取的原则如下：

（1）索头位于结构外部时采用前置承压（图 5.1.4*a*），可称为前置式。

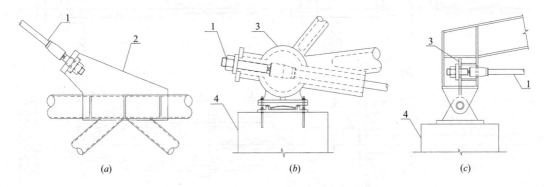

图 5.1.4　不同承压位置的螺杆连接

（*a*）前置式；（*b*）背锚式；（*c*）中间式

1—拉索；2—焊接节点；3—铸钢节点；4—支承柱

（2）连接构件尺寸相对较小或支承结构背部空间不受限制时，承压点可布置于支承结构的背部（图 5.1.4*b*），可称为背锚式。

（3）支承结构构件截面相对索体较大时，承压点可布置于结构构件内部，此时节点不外露，成型后结构简洁美观（图5.1.4c），可称为中间式。

工程中应根据结构受力特性、建筑要求、支承结构截面等选取合适的承压位置。

5.1.5 双螺杆连接（图5.1.1-1f）通常是将连接索头的双螺杆与支承结构之间采用销轴连接，具有以下特点：

（1）双螺杆连接的索头一般为铸锚，适用于索径大、张力较大的索体。

（2）由于连接螺杆较长，可实现对索体长度较大范围调节，从而可适应因结构安装施工等引起的较大误差。

（3）双螺杆对称布置，便于施工阶段的安装、张拉。

（4）在构造上，因螺杆较长，且成对布置，再加上铸锚节点也较大，使得该连接节点尺寸很大，所以适用于连接节点对建筑效果影响较小的地面或屋盖的上部等不可见处（图5.1.5）。

（a）　　　　　　　　　　　（b）

图5.1.5　双螺杆连接的应用
（a）连接节点位于地面；（b）连接节点位于屋盖

5.1.6 锚杆螺杆连接是直接在锚杆上加工丝扣，作为螺杆与拉索锚具相连接，是索体与地面锚固连接中最常用的节点形式之一，可分为锚杆螺杆直接连接（图5.1.1-2a）和锚杆螺杆转换连接（图5.1.1-2b），具有以下特点：

（1）锚杆螺杆连接节点与索体的连接灵活，适合于各种不同锚固类型的索体。

（2）与双螺杆连接类似，锚杆螺杆连接可通过锚杆的外伸长度对索体进行调节，具有调节量更大、适应性更强等优点，但也存在着节点连接尺寸较大等不足。

（3）锚杆螺杆直接连接是将预埋锚杆与索体锚头直接连接，这样可节省转换锚箱，但对锚杆的安装定位精度要求高（图5.1.6a）。

（4）锚杆螺杆转换连接是将预埋锚杆通过锚箱等转换后再与索体锚头连接，使得锚杆布置较为灵活，但要设计较大的锚箱（图5.1.6b）。

实际应用中，应根据索的张拉力、布置形式、地基承载力等确定连接形式、螺杆数目及布置形式。

5.1.7 螺杆连接中螺杆是索体的一部分时（图5.1.1-1a～e），螺杆与索按照等强设计；其他情况下螺杆承载力设计值应按照索拉力设计值的1.25～1.5倍选取。螺杆承载力计算时应考虑螺纹对螺杆截面削弱的影响。

(a)　　　　　　　　　　　　　　(b)

图 5.1.6　锚杆螺杆连接的应用
(a) 锚杆螺杆直接连接；(b) 锚杆螺杆转换连接

5.1.8　因结构长期在风等荷载作用下会产生振动，螺杆连接的端头螺母有可能松动，从而带来安全隐患。实际应用时应采用双螺母、螺母加弹簧垫片、螺母下设置止动垫圈、螺栓上设置开口销、自锁螺母等方式防止螺母松动。

5.1.9　因螺杆连接端头具有一定的刚度，支承结构变形大时，端头部位将产生一定的附加弯矩，对节点受力极为不利。为此，应在连接节点端头增加球铰（图 5.1.9）等转动装置，释放因结构较大变形而引起的端部弯矩，使节点构造与计算假定一致。

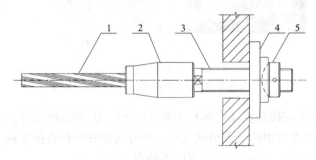

图 5.1.9　螺杆连接端头球铰
1—索体；2—索头；3—螺杆；4—承压板；5—球铰

5.1.10　索体的多螺杆连接设计时应考虑合理的张拉顺序，确保多根螺杆受力均衡。

5.2　承载力验算

5.2.1　螺纹是螺杆连接的关键部位，应对螺纹进行专门设计，可按下列公式对螺纹进行验算，其中螺纹尺寸参数如图 5.2.1 所示。

（1）内螺纹弯曲应力验算：

$$\sigma_{w} = \frac{3F_{w}H}{K_{z}\pi DB^{2}Z} \leqslant [\sigma_{w}] \tag{5.2.1-1}$$

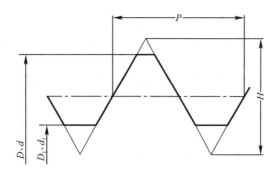

图 5.2.1 螺纹尺寸参数

(2) 内螺纹剪应力验算：

$$\tau = \frac{F_w}{K_z \pi DBZ} \leqslant [\tau] \qquad (5.2.1-2)$$

(3) 外螺纹弯曲应力验算：

$$\sigma_w = \frac{3F_w H}{K_z \pi d_1 B^2 Z} \leqslant [\sigma_w] \qquad (5.2.1-3)$$

(4) 外螺纹剪应力验算：

$$\tau = \frac{F_w}{K_z \pi d_1 BZ} \leqslant [\tau] \qquad (5.2.1-4)$$

式中：F_w——与索体所对应螺杆的极限抗拉承载力标准值；

K_z——载荷不均匀系数，当内、外螺纹均为钢：$d/P < 9$ 时，$K_z = 5P/d$；$d/P = 9 \sim 16$ 时，$K_z = 0.56$；当外螺纹为钢、内螺纹为铝：$d/P < 8$ 时，$K_z = 6P/d$；$d/P = 8 \sim 16$ 时，$K_z = 0.75$；

D——内螺纹的基本大径；

d——外螺纹的基本大径；

D_1——内螺纹的基本小径；

d_1——外螺纹的基本小径；

H——螺纹工作高度，对于普通螺纹，$H = \frac{\sqrt{3}}{2} \times \frac{5}{8} P$；对于梯形螺纹，$H = 0.5P$；

P——螺距；

B——螺纹牙根部宽度，对于普通螺纹，$B = 0.87P$；对于梯形螺纹，$B = 0.65P$；

Z——旋合圈数，一般取 10；

$[\sigma_w]$——螺纹材料的许用弯曲应力或拉应力，由材料材质、热处理工艺及安全系数确定，可参考《大型合金结构钢锻件 技术条件》JB/T 6396—2006 采用；

$[\tau]$——螺纹材料的许用剪应力，由材料材质、热处理工艺及安全系数确定，可参考《大型合金结构钢锻件 技术条件》JB/T 6396—2006 采用。

5.2.2 螺杆连接通过螺母、垫板等把索拉力传递到钢、混凝土等支承结构上时，由于锚具端头较螺杆直径大，索体要穿过支承部位就需要预留较螺杆直径更大的孔洞，使得螺母与锚固体接触面较小，导致局部压力很大。应对混凝土、钢接触面（图 5.2.2-1）分别按照现行《混凝土结构设计规范》GB 50010、《钢结构设计标准》GB 50017 进行局压验算。

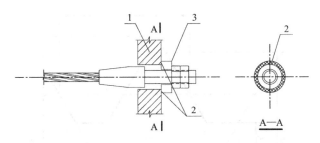

图 5.2.2-1　接触面局部承压验算截面
1—支承构件；2—局部承压面；3—垫板

同时，若支承结构构件（钢板、混凝土板）较薄时，还容易发生冲切（剪切）破坏。当支承构件为混凝土板时，应按照现行《混凝土结构设计规范》GB 50010 进行冲切验算（图 5.2.2-2*a*）；当支承构件为钢板时，应按照现行《钢结构设计标准》GB 50017 进行剪切验算（图 5.2.2-2*b*）。

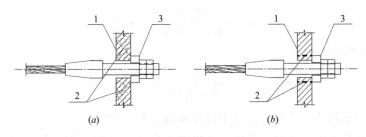

图 5.2.2-2　局部冲切（剪切）验算截面
（*a*）混凝土冲切面；（*b*）钢板剪切面
1—支承构件；2—冲切（剪切）面；3—垫板

5.2.3　因同时承受着局部压力、冲切力等，螺杆连接节点受力复杂。设计时，为提高承载力又常在节点连接域设置加劲板、隔板等，使得节点连接域构造更为复杂。为确保结构连接的安全性，对于索力大、节点构造复杂的螺杆连接节点，应建立有限元模型进行分析。

5.3　构造与施工要求

5.3.1　螺杆连接的螺纹是连接的敏感部位，施工时应做好临时防护措施，防止损伤螺纹。结构张拉完成后，应做好螺杆连接及节点的防腐蚀、防火等防护措施。对于旋入锚具内的螺牙，可通过抹防锈油等方式对螺牙进行防锈处理，张拉完成后需对间隙处密封；对于外露螺牙、螺杆等需同结构整体一起做后续的防腐防火处理。

5.3.2　螺杆表面应光滑，不允许有裂纹、分层、结疤、锈蚀等缺陷。螺纹牙型应饱满，不得出现乱牙、缺牙、崩牙等缺陷。螺纹直径、间距等应符合《普通螺纹　基本牙型》GB/T 192、《普通螺纹　直径与螺距系列》GB/T 193、《梯形螺纹》GB/T 5796 等现行规范的相关要求。

5.3.3　螺母应紧固牢靠，外露丝扣不应少于两扣；对于索-索螺杆连接，因螺杆拧入锚具的间距不可见，应重点检查，应确保螺杆拧入锚具内的螺纹长度不小于 10 倍螺距。

5.3.4 索与结构构件通过螺母承压连接时，局部承压面钢板表面应平整、整洁，不应有飞边、毛刺、焊接飞溅物、焊疤污垢等。

5.3.5 采用锚杆螺杆直接连接时，应对锚杆螺杆进行精确定位，锚杆螺杆的位置及尺寸允许偏差应符合《钢结构工程施工质量验收规范》GB 50205 地脚螺栓的要求。

5.3.6 拉索（劲性索除外）为轴心受力构件，设计时只考虑拉力，而螺杆连接节点具有一定的刚度，因此在张拉时要对张拉工装进行专门设计，防止张拉过程中螺杆承受弯矩。工程中，根据螺杆连接位置方式，可在背部及前端进行张拉，常用的张拉工装形式见图 5.3.6。

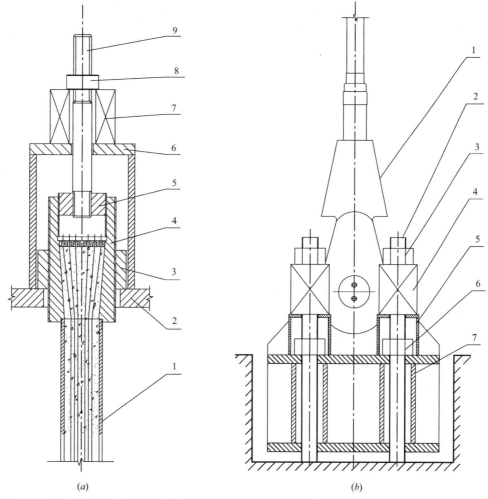

(a)　　　　　　　　　　　　　　(b)

1—索体；2—承压面；3—螺母；4—锚杯；5—连接螺母；
6—撑脚；7—千斤顶；8—工装螺母；9—工装螺杆

1—索头；2—锚杆；3—工装螺母；4—千斤顶；
5—撑脚；6—螺母；7—锚箱

图 5.3.6　常用的螺杆连接张拉工装
（a）背部张拉；（b）前端张拉

参 考 文 献

［1］ 索结构技术规程（JGJ 257—2012）［S］. 北京：中国建筑工业出版社，2012.

［2］　预应力钢结构技术规程（CECS 212：2006）［S］. 北京：中国计划出版社，2006.

［3］　公路悬索桥设计规范（JTG/T D65—05—2015）［S］. 北京：人民交通出版社，2015.

［4］　建筑工程用索（JG/T 330—2011）［S］. 北京：中国标准出版社，2012.

［5］　混凝土结构设计规范（GB 50010—2010）［S］. 北京：中国建筑工业出版社，2011.

［6］　钢结构设计标准（GB 50017—2017）［S］. 北京：中国建筑工业出版社，2018.

［7］　普通螺纹　直径与螺距系列（GB/T 193—2003）［S］. 北京：中国标准出版社，2004.

［8］　普通螺纹　基本牙型（GB/T 192—2003）［S］. 北京：中国标准出版社，2003.

［9］　钢结构工程施工质量验收规范（GB 50205—2001）［S］. 北京：中国计划出版社，2002.

［10］　成大先. 机械设计手册（第 4 版）第 3 卷. 北京：化学工业出版社，2002.

［11］　大型合金结构钢锻件　技术条件（JB/T 6396—2006）［S］. 北京：机械工业出版社，2006.

第6章 索夹节点

6.1 一般原则

6.1.1 索夹是连接索体和相连构件的一种不可滑动的节点，一般由主体、压板和高强螺栓构成，其中主体直接与非索构件相连，而压板通过高强螺栓与主体相连，通过高强螺栓的紧固力使主体和压板共同夹持住索体。

6.1.2 索夹应具有足够的承载力和刚度来有效传递结构内力，并在结构使用阶段应具有足够的抗滑承载力，防止索夹与索体相对位移。

6.1.3 索夹节点构造应符合计算假定，做到传力清晰、准确，确保安全并便于制作和安装。

6.1.4 小型索夹可采用钢板加工而成，例如图6.1.4中的U形索夹，大型索夹宜采用铸钢件。索夹材料应采用具有良好延性的低合金钢或者铸钢，应参照本书第3章的要求选用。

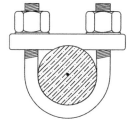

图6.1.4 U形索夹

6.1.5 索夹应采用摩擦型大六角头螺栓，高强度螺栓可采用如图6.1.5所示的穿孔式和沉孔式两种做法，相应的高强度螺栓采用的强度等级应参照本书第3章的要求选用。

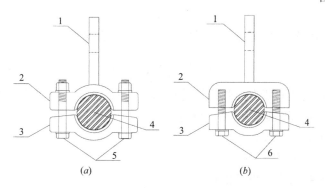

图6.1.5 索夹螺栓的两种做法

（*a*）穿孔式高强螺栓；（*b*）沉孔式高强螺栓

1—索夹耳板；2—索夹主体；3—索夹压板；4—索体；5—穿孔式高强螺栓；6—沉孔式高强螺栓

6.1.6 外包HDPE的拉索的抗滑承载力低于裸索，当不平衡力较大时，索夹易滑动，且表面HDPE易被拉裂。因此对于外包HDPE的拉索，当不平衡力较大时，应制定孔道内表面和夹持段索体外表面的抗滑和防腐专项措施，并应进行相应的试验验证抗滑承载力和防腐性能。在有些工程中，将夹持段的索体表面HDPE剥除，使索夹直接夹持钢丝束。此种情况下，应采取有效的防止钢丝束腐蚀的长久措施。

6.2　强度承载力验算

6.2.1　索夹主体和压板的 A—A、B—B 截面（图 6.2.1）应进行强度承载力验算。

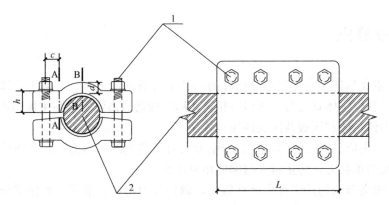

图 6.2.1　主体和压板计算示意图

1—高强螺栓；2—索体

（1）A—A 截面的抗弯应力比和抗剪应力比应分别满足式（6.2.1-1）和式（6.2.1-2）的要求。

$$K_M = \frac{3.0 P_{tot}^0 c}{L h^2 f \gamma_P} \leqslant 1 \tag{6.2.1-1}$$

$$K_V = \frac{0.75 P_{tot}^0}{L h f_v} \leqslant 1 \tag{6.2.1-2}$$

（2）B—B 截面的抗拉应力比应满足式（6.2.1-3）的要求。

$$K_T = \frac{0.5 P_{tot}^0}{L d f \varphi_R} \leqslant 1 \tag{6.2.1-3}$$

式中：P_{tot}^0——索孔道两侧所有高强螺栓的初始紧固力之和，按 6.2.2 条确定。

c——平台根部至螺栓孔中心距离；

L——索夹夹持长度；

h——A—A 截面厚度；

f——钢材抗弯强度设计值；

f_v——钢材抗剪强度设计值；

γ_P——A—A 截面塑性发展系数，建议取 1.1；

d——B—B 截面厚度；

φ_R——强度折减系数，参考《公路悬索桥设计规范》JTG/T D65—05—2015[7] 中 11.4.3 的规定，建议取 0.45。

（3）对于受力复杂的铸钢索夹宜通过弹塑性实体有限元分析确定其极限承载力。

6.2.2　高强螺栓的初始紧固力按《钢结构设计标准》GB 50017[5] 规定的高强螺栓预拉力设计值确定（表 6.2.2）；或者由试验确定，但不宜超出规范值的 15%。

螺栓的承载性能等级	螺栓公称直径（mm）					
	M16	M20	M22	M24	M27	M30
8.8 级	80	125	150	175	230	280
10.9 级	100	155	190	225	290	355

6.3 抗滑承载力验算与试验

6.3.1 索夹抗滑承载力与高强螺栓的有效紧固力、索体与孔道接触面的摩擦系数及压应力分布均匀性直接相关，而这些直接因素受到了高强螺栓的初始紧固力及其应力松弛、索力增量（指索夹安装在索体上后，由于拉索张拉和荷载增加导致的索力增加值）、索夹刚度、孔道与索体间隙及其加工精度、索体外表材料、索孔道内表面处理及其弯曲半径等众多间接因素影响。这些间接因素体现在索夹的构造设计、加工制作、安装以及拉索张拉力和使用阶段索力变化之中。以往工程试验表明，索夹抗滑承载力存在较大的变化范围，因此在初步设计时，可按 6.3.2 条进行索夹抗滑承载力计算，最终对索夹实物通过试验确定索夹抗滑承载力，且该试验也可考察索夹的加工制作质量，试验应按 6.3.5 条的规定进行。

6.3.2 索夹抗滑设计承载力应不低于索夹两侧不平衡索力设计值，应满足式（6.3.2-1）的要求：

$$R_{fc} \geqslant F_{nb} \qquad (6.3.2\text{-}1)$$

$$R_{fc} = \frac{2\bar{\mu}P_{tot}^e}{\gamma_M} \qquad (6.3.2\text{-}2)$$

$$P_{tot}^e = (1 - \varphi_B)P_{tot}^0 \qquad (6.3.2\text{-}3)$$

式中：R_{fc}——索夹抗滑设计承载力；

F_{nb}——索夹两侧不平衡索力设计值，应不小于最不利工况下的索夹两侧索力最大差值；

γ_M——索夹抗滑设计承载力的部分安全系数，参考《Eurocode 3 Design of steel structures》EN 1993-1-11[8]中 6.4.1 的规定，宜取 1.65；

$\bar{\mu}$——索夹与索体间的综合摩擦系数，按 6.3.3 条采用；

P_{tot}^e——索夹上所有高强螺栓的有效紧固力之和；

φ_B——高强螺栓紧固力损失系数，按 6.3.4 条采用。

高强螺栓提供的紧固力产生在索夹的主体和压板上，索夹与索体存在两个接触面，因此式（6.3.2-2）中索夹抗滑设计承载力考虑了 2 个摩擦面共同工作的结果。

6.3.3 索夹与索体间的综合摩擦系数 $\bar{\mu}$，是综合了索体和索夹之间摩擦系数 μ 以及压应力分布均匀性的结果，其中摩擦系数 μ 受索体和孔道接触面材料和粗糙度等因素的影响，而压应力分布均匀性受索夹刚度、孔道与索体之间间隙及加工精度等因素影响。因此，式（6.3.2-2）直接采用综合摩擦系数 $\bar{\mu}$ 进行计算。在索夹初步设计时，对于外包 HDPE 的钢丝束索、密封索和钢绞线裸索，$\bar{\mu}$ 建议值分别取 0.1、0.2 和 0.35。由于影响因素众多，多项工程试验中 $\bar{\mu}$ 变异较大，因此通过索夹抗滑承载力试验来测定为宜。

6.3.4 高强螺栓预紧后，由于高强螺栓自身应力松弛、索体蠕变和后续索力增加导致高强螺栓紧固力显著降低，因此式（6.3.2-3）采用高强螺栓有效紧固力进行计算。多项工程试验中，高强螺栓紧固力损失系数 φ_B 大致范围为 $0.25\sim0.55$，变异较大，因此通过索夹抗滑承载力试验来测定为宜。

6.3.5 索夹抗滑承载力试验应满足以下规定：

（1）索夹抗滑承载力受众多因素影响，因此索夹抗滑承载力试验的索夹和索体材料、索孔道和索体表面处理、索夹制作加工和关键构造尺寸，应与实际工程一致。

在预紧高强螺栓后张拉拉索会引起索体直径变小，这是导致高强螺栓紧固力衰减的主要因素之一。实际工程中，既有可能先预紧索夹的高强螺栓再张拉拉索（此时试验中的拉索预张力为0），然后张拉达到使用工况下的设计索力；也有可能在拉索张拉后预紧索夹的高强螺栓（此时试验中的拉索预张力为施工方案中的拉索张拉力），再次张拉至设计索力。到达设计索力后，再加载顶推索夹直至沿索体明显滑动。

由于索体蠕变的时间效应，高强螺栓紧固力随时间逐渐衰减，试验中应充分考虑高强螺栓紧固力损失的时间效应，在预紧高强螺栓后和张拉拉索后应分别静置足够的时间，待高强螺栓紧固力衰减稳定后加载顶推索夹。

同类型、同规格的索夹，试验数量不宜少于 2 个。在正常试验条件下，索夹抗滑承载力代表值宜取同批次的最小值。

当多个索夹在同一索体上进行抗滑试验时，各索夹应夹持在索体的不同部位。各索夹夹持段的净距不应小于 2 倍索体直径。

试验过程中宜跟踪监测高强螺栓的紧固力，加载顶推索夹时应同步监测顶推力和索夹相对索体的滑移量。

索夹抗滑极限承载力应通过顶推过程的荷载-位移曲线确定。当索夹的主体和压板的滑移量都迅速增加，且顶推力难以继续增加时，对应的顶推力定为索夹抗滑极限承载力。试验极限承载力应不低于抗滑设计承载力的 1.5 倍。

顶推索夹的加载位置应符合结构中索夹实际受力情况。

6.4 构造和制作要求

6.4.1 索夹主体和压板上的高强螺栓孔径应比螺栓公称直径大 $1.5\sim2$mm。主体和压板应配对制孔，且配对标记。

6.4.2 索夹主体和压板之间应留有足够的间隙，以保证高强螺栓预紧且索夹变形后主体和压板之间无接触，即高强螺栓的紧固力全部有效地作用在索体上。

6.4.3 索孔道允许偏差：孔直径，$0\sim2$mm；孔中心与索夹节点中心间距，±1mm；孔道中心圆弧两端切线夹角，$\pm15'$；索孔道表面粗糙度要求，$R_a=50\mu m$。索夹孔道口和边缘应倒圆角且打磨圆滑，圆角半径宜不小于 10mm。

6.4.4 索夹表面涂装要求应不低于主体钢构件。

6.4.5 油漆涂装和油污等会严重降低索体和索夹之间的摩擦系数，进而降低索夹抗

滑承载力。对钢丝外露的裸索，应在索夹孔道与索体接触面热喷锌，厚度宜≥0.6mm
且≤1mm，热喷锌层的硬度较钢材低，有利于防止索夹损伤索体表面钢丝的镀层，且防止
电化学腐蚀。热喷锌层表面应严禁油漆涂装、油污等。

6.5 施工要求

6.5.1 索夹在安装前应涂装完成，预紧高强螺栓后可局部补涂。

6.5.2 在索体展开且无扭转的情况下，严格按照索体表面标记安装索夹，且应严格
按照配对制孔的主体和压板配对组装。索夹在索体上的安装位置允许偏差±2mm。

6.5.3 预紧索夹高强螺栓和张拉拉索的工序应与索夹抗滑试验一致。

6.5.4 考虑索夹的高强螺栓预紧后会出现较大的紧固力损失，因此施工时可超拧紧，
且超拧系数可高于一般高强螺栓连接节点。与初始紧固力对应的高强螺栓的施工拧紧力
矩，应根据生产厂家提供或者试验的扭力系数确定，超拧紧不宜大于15%。

6.5.5 当采用扭力扳手对高强螺栓施加紧固力时，应试验测定高强螺栓的扭力系数，
并对扭力扳手进行标定。扭力系数试验时，螺牙受力情况应与实际一致。沉孔高强螺栓的
螺牙受力情况较为复杂，扭力系数远大于一般高强螺栓副，因此必须在实物上进行试验。
对扭力系数大的大直径高强螺栓宜采用千斤顶施加紧固力，且应对千斤顶进行标定，此时
无需测定扭力系数。

6.5.6 高强螺栓拧紧过程分初拧、复拧和终拧，且在同一天完成，其中初拧和复拧
的扭矩为终拧的50%。高强螺栓群拧紧顺序应从索夹中间对称向外。

6.5.7 高强螺栓拧紧后应除油处理，并进行防腐涂装。

6.5.8 为了确保拉索孔道以及螺栓孔道的完整性，索夹在生产出厂后，在运输、存
放以及安装过程中应注意成品保护，这有利于确保索夹的抗滑性能以及螺栓的紧固力。

参 考 文 献

[1] 田伟. Galfan拉索索夹抗滑移性能研究 [D]. 东南大学，2015.

[2] 陈耀，冯健，盛平，等. 新广州站内凹式索拱结构索夹节点抗滑性能分析 [J]. 建筑结构学
报，2013（05）：27-32.

[3] 王永泉，冯远，郭正兴，王立维，罗斌，夏循. 常州体育馆索承单层网壳屋盖低摩阻可滑动铸
钢索夹试验研究 [J]. 建筑结构，2010，40（09）：45-48.

[4] 铸钢节点应用技术规程（CECS 235—2008）[S]. 北京：中国计划出版社，2008.

[5] 钢结构设计标准（GB 50017—2017）[S]. 北京：中国建筑工业出版社，2018.

[6] 铸钢结构技术规程（JGJ/T 395—2017）[S]. 北京：中国建筑工业出版社，2017.

[7] 公路悬索桥设计规范（JTG/T D65—05—2015）[S]. 北京：人民交通出版社，2015.

[8] EN 1993—1—11，Eurocode 3-Design of steel structures-Part 1-11：Design of structures with
tension components [S].

第7章　耳板式节点

7.1　一般原则

7.1.1　索结构设计要求柔性的钢索和刚性的钢拉杆都应仅承受轴向拉力，且施工中拉索存在大变位，为避免索端弯曲，应采用销轴连接结构耳板与索头叉耳，即采用耳板式节点。对耳板平面外存在较大转角的节点，宜采用关节轴承。

7.1.2　耳板材料应采用具有良好延性的低合金钢或者铸钢件，销轴材料应采用调质处理的高强合金钢，应参照本书第3章的要求选用。

7.1.3　常见的耳板有如下形式：矩形（图7.1.3a）；带切角矩形（图7.1.3b）；圆形（图7.1.3c）；环形（图7.1.3d）。

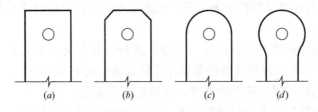

图7.1.3　常见的耳板形式

7.1.4　对于受力较大的耳板式节点，可采用在耳板的主板两侧加贴板的形式，这有利于减小主板的厚度、保证销孔局部承压和销轴抗弯。主板和贴板的材料宜相同。对于钢板耳板，贴板应焊接在主板上，如图7.1.4所示；对于铸钢耳板，贴板与主板宜整体铸造。

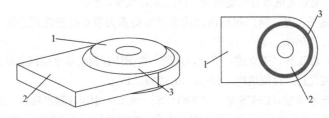

图7.1.4　耳板贴板
1—贴板；2—主板；3—焊缝

7.1.5　采用关节轴承的常用耳板式节点有如下形式：通过螺栓固定关节轴承，如图7.1.5（a）所示；通过焊接固定关节轴承，如图7.1.5（b）所示。关节轴承及其与耳板的连接应能承受销轴在耳板平面内外允许转角范围内传来的力。

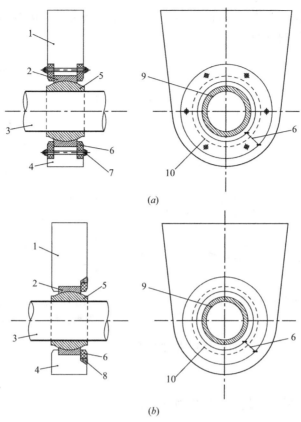

图 7.1.5 采用关节轴承的常用耳板式节点
(a) 通过螺栓固定关节轴承；(b) 通过焊接固定关节轴承
1—耳板；2—关节轴承外轴套；3—销轴；4—耳板；5—关节轴承内轴套；6—限位环；
7—固定螺栓；8—连接焊缝；9—内轴套内径；10—外轴套外径

7.1.6 耳板和销轴的设计承载力应不小于拉索内力设计值的 1.25~1.5 倍。对于一旦节点破坏会引起相连构件的连续性失效，导致结构局部甚至整体出现承载力问题的重要耳板节点，其设计承载力应不小于拉索的设计承载力，且其极限承载力对于钢索宜不小于标称破断力、对于钢拉杆宜不小于屈服载荷。对于承受疲劳荷载的耳板式节点，其耳板、销轴和焊缝等应满足疲劳设计要求。

7.1.7 对于承载力计算或者构造尺寸不满足要求、因厚度等原因材料强度难以确定、因形式特殊等原因受力特别复杂的特殊耳板式节点，应进行弹塑性有限元分析，必要时应补充节点模型试验，确定其设计承载力。

7.2 耳板承载力验算

7.2.1 耳板承载力验算的内容主要包括：耳板孔净截面处的抗拉强度（截面Ⅰ—Ⅰ）、耳板端部截面的抗劈拉强度（截面Ⅱ—Ⅱ）、抗剪强度（截面Ⅲ—Ⅲ）；耳板根部的抗拉强度（截面Ⅳ—Ⅳ），各截面位置如图 7.2.1 所示；销孔的局部承压强度。对于焊接在主板上的贴板，应验算贴板焊缝承载力。

7.2.2　根据《钢结构设计标准》GB 50017[4]相关条文并考虑两侧贴板的作用，耳板承载力应按下列公式进行验算：

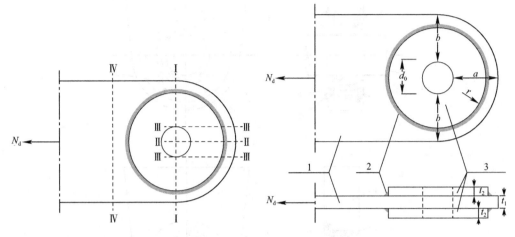

图 7.2.1　耳板承载力验算截面位置　　　　图 7.2.2　耳板尺寸参数

1—耳板主板；2—焊缝；3—耳板贴板

（1）无贴板的耳板孔净截面处抗拉强度验算：

$$\sigma = \frac{N_d}{2t_1 b_1} \leqslant f \tag{7.2.2-1}$$

（2）有贴板的耳板孔净截面处抗拉强度验算：

$$\sigma = \frac{N_d}{2t_1 b_1 + 4t_2 b_2} \leqslant f \tag{7.2.2-2}$$

$$b_1 = \min\left(2t_1 + 16, b - \frac{d_0}{3}\right) \tag{7.2.2-3}$$

$$b_2 = \min\left(2t_2 + 16, r - \frac{5d_0}{6}\right) \tag{7.2.2-4}$$

（3）无贴板的耳板端部抗劈拉强度验算：

$$\sigma = \frac{N_d}{2t_1\left(a - \frac{2d_0}{3}\right)} \leqslant f \tag{7.2.2-5}$$

（4）有贴板的耳板端部抗劈拉强度验算：

$$\sigma = \frac{N_d}{2t_1\left(a - \frac{2d_0}{3}\right) + 4t_2\left(r - \frac{7d_0}{6}\right)} \leqslant f \tag{7.2.2-6}$$

（5）无贴板的耳板端部抗剪强度验算：

$$\tau = \frac{N_d}{2t_1 Z} \leqslant f_v \tag{7.2.2-7}$$

$$Z = \sqrt{\left(a + \frac{d_0}{2}\right)^2 - \left(\frac{d_0}{2}\right)^2} \tag{7.2.2-8}$$

（6）有贴板的耳板端部抗剪强度验算：

$$\tau = \frac{N_d}{2t_1 Z + 4t_2 Z'} \leqslant f_v \tag{7.2.2-9}$$

$$Z' = \sqrt{r^2 - \left(\frac{d_0}{2}\right)^2}$$ （7.2.2-10）

（7）耳板根部全截面抗拉强度验算：

$$\sigma = \frac{N_{\mathrm{d}}}{t_1(2b + d_0)} \leqslant f$$ （7.2.2-11）

（8）无贴板的耳板销孔的局部承压强度验算：

$$\sigma_{\mathrm{c}} = \frac{N_{\mathrm{d}}}{dt_1} \leqslant f_{\mathrm{c}}$$ （7.2.2-12）

（9）有贴板的耳板销孔的局部承压强度验算：

$$\sigma_{\mathrm{c}} = \frac{N_{\mathrm{d}}}{d(t_1 + 2t_2)} \leqslant f_{\mathrm{c}}$$ （7.2.2-13）

（10）贴板焊接在主板上时，焊缝抗剪承载力应不低于贴板抗拉承载力。角焊缝高度计算公式如下：

$$h_{\mathrm{f}} \geqslant \frac{f(2r - d_0)t_2}{0.7r\pi f_{\mathrm{f}}^{\mathrm{w}}}$$ （7.2.2-14）

式中：N_{d}——索承受的轴向拉力设计值；

　　　a——顺受力方向，销轴孔边距板边缘最小距离；

　　　r——贴板半径；

　　　d_0——销孔直径；

　　　t_1——耳板主板厚度；

　　　t_2——耳板单侧贴板厚度；

　　　b_1——耳板主板计算宽度；

　　　b_2——耳板贴板计算宽度；

　　　Z——耳板端部抗剪截面宽度；

　　　f——耳板钢材抗拉、抗弯强度设计值；

　　　f_{v}——耳板钢材抗剪强度设计值；

　　　f_{c}——耳板钢材承压强度设计值；

　　　$f_{\mathrm{f}}^{\mathrm{w}}$——角焊缝强度设计值。

7.3 销轴承载力验算

7.3.1 销轴承载力验算内容主要包括抗剪和抗弯强度，其计算简图如图 7.3.1 所示。

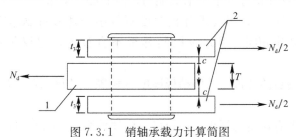

图 7.3.1　销轴承载力计算简图

1—结构耳板；2—叉耳

7.3.2 销轴承载力应按下列公式进行验算：

（1）销轴抗剪承载力验算：

$$\tau_{pn} = \frac{4F}{n_v \pi d^2} \leqslant f_v^{pn} \tag{7.3.2-1}$$

（2）销轴抗弯强度验算

$$\sigma_{pn} = \frac{64M}{3\pi d^3} \leqslant f^{pn} \tag{7.3.2-2}$$

$$M = \frac{N_d}{8}(T + 2t_3 + 4c) \tag{7.3.2-3}$$

（3）计算截面同时受弯受剪时组合强度应按下式验算：

$$\sqrt{\left(\frac{\sigma_{pn}}{f^{pn}}\right)^2 + \left(\frac{\tau_{pn}}{f_v^{pn}}\right)^2} \leqslant 1 \tag{7.3.2-4}$$

式中：M——销轴计算截面弯矩设计值；

$\quad\quad T$——结构耳板总厚，当有贴板时，为主板和贴板厚度之和；

$\quad\quad d$——销轴直径；

$\quad\quad t_3$——与耳板相连的叉耳单耳板厚度；

$\quad\quad c$——叉耳与耳板之间的单侧间隙；

$\quad\quad n_v$——受剪面数目；

$\quad\quad f_v^{pn}$——销轴的抗剪强度设计值；

$\quad\quad f^{pn}$——销轴的抗弯强度设计值。

7.4 构造要求

7.4.1 由于销轴承压会导致劈拉受力的路径缩短，且劈拉破坏是脆性破坏。对于端板被剪和端板劈拉这两种破坏形态，美欧规范都认为只要取充分的板端距离 a，这两种破坏状态就可以避免，故借鉴美国规范 ANSI/AISC 360-10 给出 a 的最短距离，要求销孔受压端外沿平行构件轴线方向延伸的最短距离 $a \geqslant 4b_e/3$（$b_e = \min(2t+16, b)$，t 为耳板厚度）。

7.4.2 研究表明，过薄的节点板不仅不利于销轴抗弯，而且会减弱节点板承压应力在板厚方向的重分布，这对节点板抗压能力也极为不利；同时销轴节点应力十分复杂，节点板厚影响着销轴抗弯和自身的承压承载能力，故有必要对节点板的最小板厚进行控制。《钢结构设计标准》GB 50017[4] 要求耳板厚度不得小于耳板每侧净宽 1/4，与英国规范 BS 5950-1：2000 的规定相同。因此应控制耳板不宜过薄，建议最小厚度一般不低于 20mm。

7.4.3 对于加贴板的耳板，两侧贴板厚度宜相等，且每侧贴板厚度 t_2 宜按主板厚度 t_1 的 1/3～1/2 取值。

7.4.4 对于矩形有切角的耳板，切角可与构件轴线成 45°角，且切角边净距不小于耳板顶部的边缘净距，如图 7.4.4 所示。

7.4.5 销轴与销孔的间隙大小对构件受力影响较大，过大的间隙不仅减小两者的接触面积，进而增大接触压应力；而且容易造成连接的松动，增大连接件的二次应力。另外，考虑到构件生产误差，销轴与销轴孔之间间隙宜满足如下规定：当销轴直径 $d<100$mm 时，销孔间隙 $g\leqslant1$mm；当 $100\leqslant d<150$mm 时，$g\leqslant1.5$mm；当 $d\geqslant150$mm 时，$g\leqslant2$mm。

7.4.6 销轴精加工部分的长度，应比被连接的构件两外侧面间的距离长 6mm 以上，且两端应有防止销轴横向滑脱的盖板或螺母。

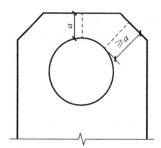

图 7.4.4 矩形有切角的耳板切角边净距示意图

7.5 制作和施工要求

7.5.1 耳板式节点各构件制作应符合以下要求：

（1）各构件安装时不应偏心，且构件尺寸应满足荷载由销孔中心向边缘扩散要求。

（2）耳板销轴孔应采用机加工钻孔，且主板和贴板应整体钻孔。

（3）当销轴和销轴表面要求机加工时，其质量要求应符合相应的机械零件加工标准的规定。当销轴直径大于 120mm 时，宜采用锻造加工工艺制作。

（4）耳板表面涂装要求不应低于主体结构构件的要求。

（5）销轴应进行超声波探伤，要求符合《锻轧钢棒超声波检验方法》GB/T 4162[5]的 B 级合格；磁粉探伤达到《重型机械通用技术条件锻钢件无损探伤》JB/T 5000.15[6]的 2 级合格。

（6）耳板销孔的制作要求参照《钢结构工程施工质量验收规范》GB 50205[7]中 C 级螺栓孔的允许偏差，应符合表 7.5.1 的规定。

耳板和销轴制作允许偏差 表 7.5.1

	项目	允许偏差
耳板	耳板的宽度、长度	±1mm
	加工边直线度	$l/3000$，且不应大于 ±1.5mm
	板厚	±0.5mm
	耳板的平面度	±0.05t，且不应大于 ±1.5mm
	加工面垂直度	0.025t，且不应大于 0.5mm
	相邻两边夹角	±6′
	销孔直径	+1.0～0.0mm
	销孔圆度	2.0mm
	销孔垂直度	0.03t，且不应大于 2.0mm
	销轴孔壁表面粗糙度 Ra	25μm
销轴	销轴直径	0.00～-0.25mm

注：表中 l 为板边长度，t 为板厚度。

7.5.2 耳板式节点安装精度应符合以下规定：

（1）耳板销孔中心至节点中心的连线与轴线偏角的允许偏差为 ±0.5°，且销孔中心与轴线的垂直距离允许偏差为±10mm。

（2）当拉索长度可调时，耳板销孔中心至节点中心距离的允许偏差为±5mm，拉索两端耳板中心距离的允许偏差为±30mm。

（3）当拉索长度不可调时，应根据拉索系统长度允许偏差，在保证索力达到允许偏差的前提下，采用误差影响分析来确定合理的耳板销孔中心位置允许偏差，必要时可提高拉索系统长度精度要求，或采取措施调节耳板连接件长度。

（4）采用双耳板时，要保证双耳板的同轴度小于 0.5mm。

参 考 文 献

[1]　许强，朱俞江. 钢结构销轴节点的设计 [J]. 浙江建筑，2014，31（05）：15-19.

[2]　丁大益. 钢结构工程中销轴连接的应用与研究 [A]. 天津大学. 庆贺刘锡良教授执教六十周年暨第十一届全国现代结构工程学术研讨会论文集 [C]. 天津大学，2011.6.

[3]　应天益. 国内、外桥梁销接节点设计方法 [J]. 世界桥梁，2011（02）：22-25.

[4]　钢结构设计标准（GB 50017—2017）[S]. 北京：中国建筑工业出版社，2018.

[5]　锻轧钢棒超声波检验方法（GB/T 4162—2008）[S]. 北京：中国标准出版社，2008.

[6]　重型机械通用技术条件锻钢件无损探伤（JB/T 5000.15—2007）[S]. 北京：机械工业出版社，2007.

[7]　钢结构工程施工质量验收规范（GB 50205—2001）[S]. 北京：中国标准出版社，2002.

第8章 可滑动节点

8.1 一般原则

8.1.1 可滑动节点是指根据受力或施工需要在节点处拉索可以滑动或限制滑动，一般包括安放拉索的索槽及其与支承构件的连接，需要固定拉索时多与索夹连接组合。

8.1.2 可滑动节点宜采用在以下连接中：

（1）在张弦结构和索拱结构中，当撑杆在索轴线平面内呈 V 字形布置时，索与撑杆连接宜采用可滑动节点，待施工张拉成型后再通过索夹与撑杆节点固定。

（2）当弦支穹顶结构承受半（偏）跨荷载作用时，可设置环索可滑动节点连接，从而降低环索、斜索和撑杆的内力幅值，并使其均衡相等。

（3）带有环索的结构，张拉环索过程中环索与节点摩擦阻力过大，造成较大预应力损失，此时宜设置环索可滑动节点连接，待张拉成型后再固定拉索。

（4）斜拉结构和悬索结构中，当需要拉索通过索塔节点改变方向以便锚固时，可采用带有符合拉索弯曲形状的索鞍来改变拉索的传力方向，并根据需要采取构造措施控制拉索与索鞍中索槽的滑动与固定。

（5）索托结构中拉索与结构连接的节点宜采用反向的索槽，待施工张拉成型后再通过索夹固定（图 2.2.2-2）。

8.1.3 可滑动节点通常将节点索槽的弯曲弧度设计成与预应力拉索的弯曲弧度一致，同时在索体与节点间布置润滑材料（如聚四氟乙烯等）来减小摩擦力。

8.1.4 可滑动节点也可以采用图 8.1.4-1 所示带有滚动轴的做法，利用转轴的滚动摩擦代替节点与索体间的滑动摩擦，采用设置可分离压板的办法，解决钢拉索张拉后充分固定的问题。

山东茌平体育馆弦支穹顶工程中撑杆下节点采用这种带有滚动轴的可滑动节点（图 8.1.4-2），用滚动摩擦代替传统的摩擦来减小预应力摩擦损失。既能确保预应力张拉过程中索体与节点间的摩擦力最小，进而减小预应力损失；又能实现预应力张拉完成后索体被铸钢索夹夹紧，保证正常使用过程的整体结构稳定性。

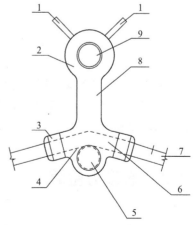

图 8.1.4-1 分离压板式带有
滚动轴的可滑动节点

1—耳板；2—撑杆端；3—固定压块；

4—索腔；5—滚动轴；6—环索端；

7—连续拉索；8—节点连接部；9—撑杆

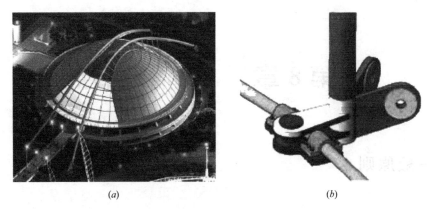

图 8.1.4-2　山东茌平体育馆

（a）效果图；（b）中撑杆下节点

图 8.1.4-3 所示的内外压板式带有滚动轴的可滑动节点在滑轮与索之间放置了弧形内压板，弧形内压板与转轴接触表面有齿痕，两者之间不发生相对滑动，可增大节点圆弧半径，避免拉索过度弯折，是带有滚动轴的可滑动节点的另一种做法。

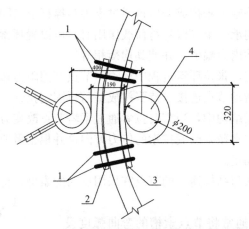

图 8.1.4-3　内外压板式带有滚动轴的可滑动节点

1—压紧螺丝；2—外压板；3—内压板；4—轴

8.1.5　大型索鞍常用两种传力形式：当索塔为混凝土结构时，索鞍宜采用肋传力的结构形式，如图 8.1.5-1 所示；当索塔为钢结构时，索鞍宜采用外壳传力的结构形式，如图 8.1.5-2 所示。

8.2　承载力验算

8.2.1　由于索结构的空间受力特点，可滑动节点的索槽及其支承构件可能处于复杂的三向空间受力状态，应按照《钢结构设计标准》GB 50017 的规定进行承载力验算，步骤如下：

（1）通过索结构整体计算得到最不利荷载组合下拉索的拉力，将其分解成对索槽底面的竖向力和索槽侧面的水平力。

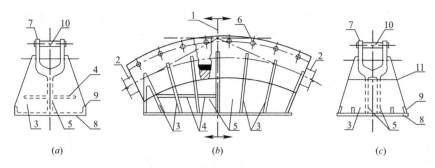

图 8.1.5-1 肋传力结构的索鞍

（a）单纵肋；（b）立面图；（c）双纵肋

1—塔中心线；2—主索；3—横肋；4—水平肋；5—纵肋；6—拉杆孔；

7—索槽；8—底板；9—侧肋；10—拉杆；11—焊缝

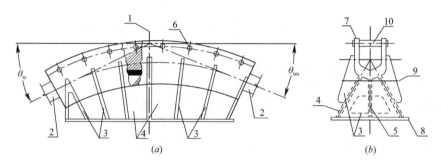

图 8.1.5-2 外壳传力结构的索鞍

（a）立面图；（b）侧面图

1—塔中心线；2—主索；3—横肋；4—外壳；5—纵肋；6—拉杆孔；7—索槽；8—底板；9—焊缝；10—拉杆

（2）验算索槽底的承压承载力。

（3）验算索槽侧面的挤压承载力和抗剪承载力。

（4）验算索槽支承构件承载力。

8.2.2 带有滚动轴的可滑动节点应进行以下验算：

（1）进行节点荷载分析，整个节点应在径向荷载、竖向荷载和索力的作用下达到静力平衡。

（2）进行螺栓抗剪承载力验算，验算过程中考虑螺栓杆受剪和孔壁承压两种情况。

8.2.3 与可滑动节点组合的索夹验算应按照本书第 6 章的要求进行。

8.3 构造要求

8.3.1 可滑动节点既要有利于索结构的成形，又要给施工和安装带来便利，构造上应满足以下设计原则：

（1）节点的几何设计应确保索体光滑通过节点，避免在节点内部对索体形成过大的折点。

（2）节点的构造设计应确保拉索滑动过程中索体与节点间的摩擦力最小。

（3）应根据建筑外形、受力状况、浇铸工艺等设计出最合理的截面形状。

8.3.2　可滑动节点的索槽圆弧半径一般为主索直径的 8～12 倍,以减少主索钢丝的二次应力。索槽尺寸应能确保拉索滑动时不易脱槽,或设置构造措施予以保证。

8.3.3　带有滚动轴的可滑动节点需设置可分离式固定压块,固定压块与环索端在张拉过程中用螺栓连接但不拧紧,当拉索张拉完毕后,拧紧螺栓固定拉索,使连续拉索在使用过程中将不能绕滚动轴滚动,解决索张拉后充分固定的问题。

8.3.4　大型索鞍多为铸钢件制造,也有用钢板组焊加工的。索鞍重量、外形尺寸应综合考虑运输和安装成本,运输、吊装重量宜控制 50t 以内,否则应进行分块。

8.3.5　可滑动节点采用的材料应按本书第 3 章的要求选用。

参 考 文 献

[1]　郭彦林,崔晓强. 滑动索系结构的统一分析方法——冷冻升温法 [J]. 工程力学,2003,20 (4).

[2]　崔晓强,郭彦林,叶可明. 滑动环索连接节点在弦支穹顶结构中的应用 [J]. 同济大学学报 (自然科学版),2004,32 (10).

[3]　陈志华,毋其俊. 弦支穹顶滚动式索节点研究及其结构体系分析 [J]. 建筑结构学报 (增刊),2010.

[4]　王永泉,冯远,郭正兴,等. 常州体育馆索承单层网壳屋盖低摩阻可滑动铸钢索夹试验研究 [J]. 建筑结构,2010,40 (9).

附录 A 常用索体性能参数

A.0.1 索体施加预应力后的弹性模量可参照表 A.0.1 取值。

索体的弹性模量 表 A.0.1

索体类型		弹性模量（N/mm²）
钢丝束		$(1.95\pm0.1)\times10^5$
钢丝绳	单股钢丝绳	$(1.6\pm0.1)\times10^5$
	多股钢丝绳	$(1.2\pm0.1)\times10^5$
钢绞线	镀锌钢绞线	$(1.95\pm0.1)\times10^5$
	高强度低松弛预应力钢绞线	$(1.95\pm0.1)\times10^5$
高钒拉索		$(1.6\pm0.1)\times10^5$
不锈钢拉索		$\geqslant1.1\times10^5$
钢拉杆		2.06×10^5

数据来源：1.《预应力钢结构技术规程》CECS 212：2006
2.《不锈钢拉索》YB/T 4294—2012
3. 巨力索具股份有限公司
4. 广东坚朗股份五金制品有限公司

A.0.2 索体的线膨胀系数可参照表 A.0.2 取值。

索体的线膨胀系数 表 A.0.2

索体类型	线膨胀系数（/℃）
钢丝束索	1.84×10^{-5}
钢绞线索	1.32×10^{-5}
高钒拉索	1.2×10^{-5}
不锈钢索	1.6×10^{-5}
钢拉杆	1.2×10^{-5}

数据来源：1.《预应力钢结构技术规程》CECS 212：2006
2. 巨力索具股份有限公司
3. 广东坚朗股份五金制品有限公司

A.0.3 常用钢丝束拉索索体参数见表 A.0.3-1 和表 A.0.3-2。

采用 5mm 直径钢丝的钢丝束索体参数 表 A.0.3-1

规格	钢丝束直径（mm）	单护层直径（mm）	双护层直径（mm）	钢丝束单重（kg/m）	索体单重（kg/m）	钢丝束截面积（mm²）	破断力（kN）
5×7	15	22	—	1.1	1.3	137	230
5×13	22	30	—	2.0	2.4	255	426
5×19	25	35	40	2.9	3.7	373	623

续表

规格	钢丝束直径 （mm）	单护层直径 （mm）	双护层直径 （mm）	钢丝束单重 （kg/m）	索体单重 （kg/m）	钢丝束截面积 （mm²）	破断力 （kN）
5×31	32	40	45	4.8	5.7	609	1017
5×37	35	45	50	5.7	6.9	726	1213
5×55	41	51	55	8.5	9.6	1080	1803
5×61	45	55	59	9.4	10.8	1198	2000
5×73	49	59	63	11.3	12.6	1433	2394
5×85	51	61	65	13.1	14.5	1669	2787
5×91	55	65	69	14.0	15.7	1787	2984
5×109	58	68	72	16.8	18.3	2140	3574
5×121	61	71	75	18.7	20.3	2376	3968
5×127	65	75	79	19.6	21.6	2494	4164
5×139	66	78	82	21.4	23.4	2729	4558
5×151	68	79	83	23.3	25.2	2965	4951
5×163	71	83	88	25.1	27.5	3200	5345
5×187	75	87	92	28.8	31.1	3672	6132
5×199	77	89	94	30.7	33.1	3907	6525
5×211	81	93	98	32.5	35.3	4143	6919
5×223	83	95	100	34.4	37.0	4379	7312
5×241	85	97	102	37.1	39.7	4732	7902
5×253	87	101	106	39.0	42.1	4968	8296
5×265	90	105	110	40.8	44.4	5203	8689
5×283	92	107	112	43.6	46.9	5557	9280
5×301	95	111	116	46.4	50.1	5910	9870
5×313	97	113	118	48.2	52.1	6146	10263
5×337	100	117	122	51.9	55.8	6617	11050
5×349	101	118	123	53.8	57.7	6853	11444
5×367	105	121	126	56.6	60.7	7206	12034
5×379	107	123	128	58.4	62.8	7442	12428
5×409	110	128	133	63.0	67.5	8031	13411
5×421	111	129	134	64.9	69.4	8266	13805
5×439	115	133	138	67.7	72.7	8620	14395
5×451	116	135	140	69.5	74.8	8855	14788
5×475	119	137	142	73.2	78.2	9327	15575
5×499	120	139	148	76.9	82.8	9798	16362
5×511	123	143	152	78.8	85.5	10033	16756
5×547	127	147	156	84.3	90.9	10740	17936
5×583	130	150	159	89.9	96.6	11447	19117
5×595	133	153	162	91.7	99.1	11683	19510
5×649	137	157	166	100.0	107.1	12743	21281

数据来源：1.《斜拉桥热挤聚乙烯高强钢丝拉索技术条件》GB/T 18635
2. 巨力索具股份有限公司

采用 **7mm** 直径钢丝的钢丝束索体参数　　　　　表 A. 0. 3-2

规格	钢丝束直径 （mm）	单护层直径 （mm）	双护层直径 （mm）	钢丝束单重 （kg/m）	索体单重 （kg/m）	钢丝束截面积 （mm²）	破断力 （kN）
7×7	21	30	—	2.1	2.5	269	450
7×13	31	40	—	3.9	4.5	500	835
7×19	35	45	50	5.7	6.8	731	1221
7×31	44	55	60	9.4	10.7	1193	1992
7×37	49	60	65	11.2	12.8	1424	2378
7×55	58	68	72	16.6	18.2	2117	3535
7×61	63	73	77	18.4	20.4	2348	3920
7×73	68	78	82	22.1	23.9	2809	4682
7×85	71	83	87	25.7	27.8	3271	5463
7×91	77	89	93	27.5	30.3	3502	5848
7×109	81	93	97	32.9	35.4	4195	7055
7×121	85	99	103	36.6	39.5	4657	7777
7×127	91	105	109	38.4	42.1	4888	8162
7×139	92	107	111	42.0	45.1	5349	8993
7×151	94	109	113	45.6	48.8	5811	9705
7×163	99	114	118	49.2	53.0	6273	10476
7×187	105	121	125	56.5	60.2	7197	12018
7×199	108	124	128	60.1	64.1	7658	12790
7×211	113	129	133	63.7	68.4	8120	13561
7×223	116	133	137	67.4	71.9	8582	14332
7×241	119	135	139	72.8	77.1	9275	15489
7×253	122	139	143	76.4	81.3	9737	16260
7×265	127	144	148	80.1	85.7	10198	17031
7×283	129	147	151	85.5	90.6	10891	18188
7×301	133	151	155	90.9	96.3	11584	19345
7×313	135	154	158	94.6	100.4	12046	20116
7×337	141	160	164	101.8	107.6	12969	21659
7×349	142	162	166	105.4	111.4	13431	22430
7×367	147	167	171	110.9	117.5	14124	23587
7×379	149	170	174	114.5	121.7	14586	24358
7×409	155	176	180	123.6	130.6	15740	26286
7×421	155	177	181	127.2	134.2	16202	27057
7×439	161	183	187	132.6	140.7	16895	28214
7×451	163	185	189	136.2	144.6	17357	28985
7×475	166	190	194	143.5	151.9	18280	30528
7×499	169	193	202	150.7	160.7	19204	32070
7×511	172	197	206	154.4	165.3	19666	32841
7×547	177	204	213	165.3	176.4	21051	35155
7×583	182	209	218	176.1	187.8	22436	37469
7×595	186	213	222	179.8	192.5	22898	38240
7×649	192	220	229	196.1	208.6	24976	41711

数据来源：1.《斜拉桥热挤聚乙烯高强钢丝拉索技术条件》GB/T 18635
　　　　　2. 巨力索具股份有限公司

A.0.4 常用钢拉杆的力学性能和极限承载力分别见表 A.0.4-1～表 A.0.4-3。

合金钢钢拉杆杆体力学性能　　　　　　　表 A.0.4-1

强度级别	杆体直径 D(mm)	屈服强度 $R_{eH}/R_{p0.2}$(MPa)	抗拉强度（MPa）	断后伸长率（%）	断面收缩率（%）	冲击吸收能量	
						（J）	温度（℃）
		不小于					
GLG345	20～210	345	470	22	50	34	0
						34	−20
						27	−40
						27	−60
GLG460	20～180	460	610	20	50	34	0
						34	−20
						27	−40
						27	−60
GLG550	20～180	550	750	18	50	34	0
						34	−20
						27	−40
						27	−60
GLG650	20～150	650	850	15	45	34	0
						34	−20
						27	−40
						27	−60
GLG750	20～130	750	950	13	45	34	0
						34	−20
						27	−40
						27	−60
GLG850	20～130	850	1050	10	45	27	0
						27	−20
						20	−40
						15	−60
GLG1100	20～80	1100	1230	8	40	20	0
						20	−20
						15	−40
						15	−60

数据来源：1.《钢拉杆》GB/T 20934
　　　　　2. 巨力索具股份有限公司
　　　　　3. 广东坚朗股份五金制品有限公司

等强设计时钢拉杆屈服承载力（kN）　　　　表 A.0.4-2

杆体公称直径（mm）	强度等级						
	345	460	550	650	750	850	1100
	理论屈服承载力						
20	108	144	172	204	235	266	345
25	169	225	269	318	367	416	539
30	243	324	388	458	529	600	776

杆体公称直径（mm）	强度等级						
	345	460	550	650	750	850	1100
	理论屈服承载力						
35	331	442	529	625	721	817	1058
40	433	577	690	816	942	1067	1381
45	548	731	874	1033	1192	1351	1749
50	677	902	1079	1275	1472	1668	2159
55	819	1092	1306	1543	1781	2018	2612
60	975	1300	1554	1837	2120	2402	3109
65	1144	1526	1824	2156	2488	2820	3649
70	1327	1770	2116	2501	2886	3270	4232
75	1523	2031	2429	2871	3312	3754	4858
80	1733	2311	2764	3266	3769	4272	5528
85	1957	2610	3120	3688	4255	4822	6241
90	2194	2926	3498	4134	4770	5406	6997
95	2445	3260	3898	4607	5316	6024	7796
100	2709	3612	4319	5104	5889	6675	8638
105	2987	3983	4762	5628	6494	7360	—
110	3278	4371	5226	6176	7127	8077	—
115	3583	4777	5712	6750	7789	8828	—
120	3901	5202	6219	7350	8481	9612	—
125	4233	5644	6749	7976	9203	10430	—
130	4579	6105	7300	8627	9954	11282	—
135	4937	6583	7872	9303	10734	—	—
140	5498	7331	8766	10360	11954	—	—
145	5696	7595	9081	10732	—	—	—
150	6096	8128	9719	11486	—	—	—
155	6509	8679	10377	12264	—	—	—
160	6936	9248	11058	13068	—	—	—
165	7376	9835	11760	13898	—	—	—
170	7830	10441	12483	14753	—	—	—
175	8297	11063	13228	15633	—	—	—
180	8778	11705	13995	16539	—	—	—
185	9273	12364	14784	17472	—	—	—
190	9781	13041	15593	18428	—	—	—
195	10303	13737	16425	19411	—	—	—
200	10838	14450	17278	20419	—	—	—
210	11949	15932	19049	22513	—	—	—
220	13114	17485	20907	24708	—	—	—
230	14333	19111	22850	27005	—	—	—
240	15607	20809	24880	29404	—	—	—
250	16935	22580	26997	31906	—	—	—

数据来源：1. 巨力索具股份有限公司
2. 广东坚朗股份五金制品有限公司

非等强设计时钢拉杆屈服承载力（kN）　　　　表 A.0.4-3

杆体公称直径（mm）	强度等级						
	345	460	550	650	750	850	1100
	理论屈服承载力						
20	84	112	134	158	183	207	268
25	133	177	212	250	289	328	424
30	193	257	308	364	420	476	616
35	264	352	421	497	574	651	842
40	355	474	567	670	773	876	1134
45	450	600	718	848	979	1110	1436
50	556	741	886	1047	1209	1370	1773
55	672	897	1072	1267	1462	1657	2145
60	814	1086	1299	1535	1771	2007	2598
65	954	1273	1522	1799	2076	2352	3044
70	1122	1496	1789	2115	2440	2765	3579
75	1303	1738	2078	2456	2834	3212	4156
80	1498	1998	2389	2823	3258	3692	4778
85	1706	2275	2720	3215	3710	4204	5441
90	1928	2571	3074	3633	4192	4751	6149
95	2164	2885	3450	4077	4704	5332	6900
100	2412	3217	3846	4546	5245	5944	7693
105	2675	3567	4265	5040	5816	6591	—
110	2951	3935	4705	5560	6416	7271	—
115	3065	4087	4887	5775	6664	7553	—
120	3421	4561	5454	6446	7437	8429	—
125	3583	4777	5712	6750	7789	8828	—
130	3772	5030	6014	7108	8202	9295	—
135	4099	5465	6535	7723	8911	—	—
140	4439	5918	7076	8363	9650	—	—
145	4792	6390	7640	9029	—	—	—
150	5160	6880	8226	9722	—	—	—
155	5386	7182	8587	10149	—	—	—
160	5775	7700	9207	10881	—	—	—
165	6177	8237	9848	11639	—	—	—
170	6593	8791	10512	12423	—	—	—
175	7023	9364	11196	13232	—	—	—
180	7466	9955	11903	14067	—	—	—
185	7922	10563	12630	14927	—	—	—
190	8393	11190	13380	15813	—	—	—
195	8876	11835	14151	16724	—	—	—
200	9373	12498	14944	17661	—	—	—
210	10408	13878	16594	19611	—	—	—
220	11498	15331	18330	21663	—	—	—
230	12641	16855	20153	23817	—	—	—
240	13839	18452	22062	26074	—	—	—
250	15091	20121	24058	28432	—	—	—

数据来源：1. 巨力索具股份有限公司

2. 广东坚朗股份五金制品有限公司

3. 柳州欧维姆机械股份有限公司

A.0.5 常用高钒拉索的性能参数见表 A.0.5-1 和表 A.0.5-2。

压制高钒拉索性能参数　　　　　　　　　　　　表 A.0.5-1

公称直径（mm）	公称截面积（mm²）	构成	破断力（kN）	
			1670MPa	1770MPa
12	93	1×19	126	133
14	125	1×19	169	179
16	158	1×19	214	227
18	182	1×37	241	255
20	244	1×37	323	342
22	281	1×37	372	394
24	352	1×61	466	493
26	403	1×61	533	565
28	463	1×61	612	649
30	525	1×91	694	736
32	601	1×91	795	843

数据来源：1. 巨力索具股份有限公司
　　　　　2. 广东坚朗股份五金制品有限公司

热铸高钒拉索性能参数　　　　　　　　　　　　表 A.0.5-2

公称直径（mm）	公称截面积（mm²）	构成	破断力（kN）		公称直径（mm）	公称截面积（mm²）	构成	破断力（kN）	
			1670MPa	1770MPa				1670MPa	1770MPa
12	93	1×19	140	148	73	3150	1×217	4630	4910
14	125	1×19	188	199	75	3300	1×217	4850	5140
16	158	1×19	237	252	77	3450	1×217	5070	5370
18	182	1×37	267	283	80	3750	1×271	5510	5840
20	244	1×37	359	380	82	3940	1×271	5790	6140
22	281	1×37	413	438	84	4120	1×271	6060	6420
24	352	1×61	517	548	86	4310	1×271	6330	6710
26	403	1×61	592	628	88	4590	1×331	6750	7150
28	463	1×61	680	721	90	4810	1×331	7070	7490
30	525	1×91	772	818	92	5030	1×331	7390	7840
32	601	1×91	883	936	95	5260	1×331	7730	8190
34	691	1×91	1020	1080	97	5500	1×397	8080	8570
36	755	1×91	1110	1180	99	5770	1×397	8480	8990
38	839	1×127	1230	1310	101	6040	1×397	8880	9410
40	965	1×127	1420	1500	104	6310	1×397	9270	9830
42	1050	1×127	1540	1640	105	6500	1×469	9550	10120
44	1140	1×91	1680	1780	108	6810	1×469	10010	10610
46	1260	1×91	1850	1960	110	7130	1×469	10480	11110
48	1380	1×91	2030	2150	113	7460	1×469	10960	11620
50	1450	1×91	2130	2260	116	7940	1×547	11670	12370
52	1600	1×127	2350	2490	119	8320	1×547	12230	12960
56	1840	1×127	2700	2870	122	8700	1×547	12790	13550
59	2020	1×127	2970	3150	125	9160	1×631	13160	13940
60	2120	1×169	3120	3300	128	9590	1×631	13770	14600
63	2340	1×169	3440	3650	131	10040	1×631	14420	15280
65	2450	1×169	3600	3820	133	10470	1×721	15040	15940
68	2690	1×169	3950	4190	136	10960	1×721	15740	16680
71	3010	1×217	4420	4690	140	11470	1×721	16470	17460

数据来源：1. 巨力索具股份有限公司
　　　　　2. 广东坚朗股份五金制品有限公司

A. 0. 6　常用密封钢丝绳力学性能见表 A. 0. 6-1～表 A. 0. 6-3。

高强度非合金钢丝（高钒镀层）密封钢丝绳力学性能（一）　　表 A. 0. 6-1

公称直径（mm）	最小破断拉力（kN）	特征破断拉力（kN）	最大设计拉力（kN）	公称截面积（mm²）	单位重量（kg/m）
25	596	596	397	440	3. 8
30	858	858	572	648	5. 6
35	1170	1170	780	842	7. 3
40	1580	1580	1053	1090	8. 8
45	2000	2000	1333	1390	11. 1
50	2470	2470	1647	1710	13. 7
55	3020	3020	2013	2090	16. 8
60	3590	3590	2393	2490	20
65	4220	4220	2813	2920	23. 5
70	4890	4890	3260	3390	27. 2
75	5620	5620	3747	3890	31. 3
80	6390	6390	4260	4420	35. 5
85	7220	7220	4807	5000	40. 1
90	8090	8090	5393	5600	45
95	9110	9110	6073	6310	50. 7
100	10100	10100	6733	6990	56. 2
105	11100	11100	7400	7710	61. 9
110	12200	12200	8133	8460	68
115	7220	7220	8933	9280	74. 5
120	7220	7220	9667	10100	81. 1
125	7220	7220	10533	11000	88. 4
130	7220	7220	10800	11900	95. 6
135	7220	7220	11600	12920	104
140	18700	18700	12466	13900	112

数据来源：根据标准 EN 1993－1－11 Eurocode 3-Design of steel structures-Part 1-11：Design of structures with tension components

1. $F_{uk} = F_{min} \cdot k_e$，$k_e = 1.0$（树脂或金属浇铸），其中 F_{uk} 为特征破断拉力，F_{min} 为最小破断力；

2. $F_{RD} = F_{uk}/(1.5 \cdot \gamma_R)$，其中 F_{RD} 为最大设计拉力，$\gamma_R = 1.0$。

高强度非合金钢丝（高钒镀层）密封钢丝绳力学性能（二）　　表 A. 0. 6-2

公称直径（mm）	最小破断拉力（kN）	特征破断拉力（kN）	最大设计拉力（kN）	公称截面积（mm²）	单位重量（kg/m）	Z型钢丝层数
25	603	603	402	413	369	二
30	869	869	579	594	531	二
35	1182	1182	788	809	723	二
40	1544	1544	1029	1056	944	二
45	1954	1954	1303	1337	1195	二

续表

公称直径 (mm)	最小破断拉力 (kN)	特征破断拉力 (kN)	最大设计拉力 (kN)	公称截面积 (mm²)	单位重量 (kg/m)	Z型钢丝层数
50	2413	2413	1608	1650	1475	二
55	2935	2935	1957	2087	1860	三
60	3493	3493	2329	2484	2214	三
65	4099	4099	2733	2915	2598	三
70	4754	4754	3170	3381	3014	三
75	5458	5458	3639	3881	3459	三
80	6210	6210	4140	4416	3936	三
85	7010	7010	4673	4985	4443	三
90	7859	7859	5239	5589	4982	三
95	8757	8757	5838	6227	5550	三
100	9703	9703	6468	6900	6150	三
105	10587	10587	7058	7629	6802	四
110	11619	11619	7746	8373	7466	四
115	12700	12700	8466	9152	8160	四
120	13828	13828	9219	9965	8885	四
125	15004	15004	10003	10813	9641	四
130	16229	16229	10819	11695	10427	四
135	17501	17501	11667	12612	11245	四
140	18821	18821	12548	13563	12093	四

数据来源：1. 巨力索具股份有限公司
2. 广东坚朗股份五金制品有限公司

高强度不锈钢丝密封钢丝绳（FLC）力学性能　　　　　表 A.0.6-3

公称直径 (mm)	最小破断拉力 (kN)	特征破断拉力 (kN)	最大设计拉力 (kN)	公称截面积 (mm²)	单位重量（kg/m）
25	520	520	347	417	3.5
30	748	748	499	587	4.9
35	1020	1020	680	796	6.6
40	1362	1362	908	1039	8.7
45	1726	1726	1151	1317	11
50	2147	2147	1431	1638	14
55	2598	2598	1732	1966	16
60	3032	3032	2021	2296	19
65	3638	3638	2425	2745	23
70	4169	4169	2779	3128	26
75	4708	4708	3138	3537	29
80	5469	5469	3646	4099	34

数据来源：根据标准 EN 1993－1－11 Eurocode 3-Design of steel structures-Part 1-11：Design of structures with tension components

1. $F_{uk}＝F_{min}\cdot k_e$，$k_e＝1.0$（树脂或金属浇铸），其中 F_{uk} 为特征破断拉力，F_{min} 为最小破断力；
2. $F_{RD}＝F_{uk}/(1.5\cdot\gamma_R)$，其中 F_{RD} 为最大设计拉力，$\gamma_R＝1.0$。

A.0.7　常用钢绞线束拉索性能参数见表 A.0.7。

钢绞线束拉索性能参数　表 A.0.7

拉索型号	公称截面积（cm²）	索体单位重量（kg/m）	索体外径（mm）	公称破断力（kN）
GJ 15-3	4.2	4.73	50	780
GJ 15-4	5.6	5.93	54	1040
GJ 15-5	7.0	7.32	65	1300
GJ 15-6	8.4	8.56	65	1560
GJ 15-7	9.8	9.79	65	1820
GJ 15-9	12.6	13.21	85	2340
GJ 15-12	16.8	16.65	85	3120
GJ 15-15	21.0	21.42	105	3900
GJ 15-19	26.6	25.84	105	4940
GJ 15-22	30.8	30.59	117	5720
GJ 15-25	35.0	34.69	126	6500
GJ 15-27	37.8	36.81	126	7020
GJ 15-31	43.4	41.89	130	8060
GJ 15-37	51.8	50.28	145	9620

数据来源：1.《挤压锚固钢绞线拉索》JT/T 850
　　　　　2. 柳州欧维姆机械股份有限公司

A.0.8　常用不锈钢绞线性能参数见表 A.0.8。

不锈钢绞线性能参数　表 A.0.8

结构	直径（mm）	最小破断力（kN）				参考重量（kg/100m）
		1180MPa	1320MPa	1420MPa	1520MPa	
1×3	5.0	13.9	15.5	16.7	17.9	10.3
	5.5	16.8	18.8	20.2	21.6	12.4
	6.0	20.0	22.3	24.0	25.7	14.8
	6.5	23.4	26.2	28.2	30.2	17.3
	8.0	35.5	39.7	42.7	45.7	26.2
	9.5	50.1	56.0	60.2	64.5	37.0
1×7	5.5	19.6	22.0	23.6	25.3	15.1
	6.5	27.4	30.7	33.0	35.3	21.1
	7.0	31.8	35.6	38.2	41.0	24.5
	8.0	41.5	46.5	50.0	53.5	32.0
	9.5	58.6	65.5	70.5	75.4	45.1
1×19	6.0	22.5	25.2	27.1	29.0	17.6
	8.0	40.0	44.8	48.2	51.6	31.4
	9.5	56.4	63.1	68.0	72.7	44.2
	10.0	62.5	70.0	75.2	80.6	49.0
	11.0	75.7	84.7	91.0	97.4	59.3
	12.0	90.1	101	108	116	70.6
	12.5	97.7	109	117	126	76.6
	14.0	123	137	147	158	96.0
	16.0	160	179	193	206	125
	18.0	203	227	244	261	159
	19.0	226	253	272	291	177
	22.0	303	339	364	390	237

续表

结构	直径（mm）	最小破断力（kN）				参考重量（kg/100m）
		1180MPa	1320MPa	1420MPa	1520MPa	
1×37	12	85.0	95.0	102	109	70.6
	12.5	92.2	103	111	119	76.6
	14	116	129	139	149	96.0
	16	151	169	182	195	125
	18	191	214	230	246	159
	19.5	224	251	270	289	186
	21	260	291	313	335	216
	22.5	299	334	359	385	248
	24	340	380	409	438	282
	26	399	446	480	514	331
	28	463	517	557	596	384
1×61	18	183	205	221	236	156
	20	227	253	273	292	192
	22	274	307	330	353	232
	24	326	365	293	420	276
	26	383	428	461	493	324
	28	444	497	534	572	376
	30	510	570	613	657	432
	32	580	649	698	747	492
	34	655	732	788	843	555
	36	734	821	883	945	622
1×91	30	478	535	575	—	441
	32	544	608	654	—	502
	34	614	686	739	—	566
	36	688	770	828	—	635
	38	766	858	922	—	707
	40	850	950	1022	—	784
	42	937	1048	1127	—	864
	45	1075	1203	1294	—	992
	48	1223	1368	1472	—	1129

数据来源：《不锈钢钢绞线》GB/T 25821—2010

附录 B 常用锚具型号及其尺寸参数

B.0.1 热铸锚具常规尺寸参数见表 B.0.1-1～表 B.0.1-4。

热铸双耳调节式锚具尺寸参数（mm）　　　　表 B.0.1-1

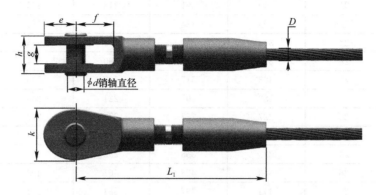

D	L_1	d	g	h	e	k	f	调节量
$\phi20$	460	37	34	70	60	94	75	±70
$\phi22$	480	41	36	76	65	102	80	±70
$\phi24$	510	44	40	82	70	112	90	±70
$\phi26$	555	47	42	86	75	120	95	±80
$\phi28$	580	49	44	90	80	125	100	±80
$\phi30$	605	55	50	100	90	140	110	±80
$\phi32$	645	56	50	105	90	140	115	±90
$\phi36$	690	65	55	115	104	162	130	±90
$\phi40$	745	73	65	135	115	182	145	±90
$\phi44$	845	78	70	145	124	195	160	±110
$\phi48$	880	84	75	155	134	210	170	±110
$\phi50$	905	89	80	165	142	222	180	±110
$\phi55$	950	97	90	180	155	242	195	±110
$\phi60$	1005	105	95	190	168	264	210	±110
$\phi65$	1120	115	105	210	182	286	230	±130
$\phi70$	1185	123	110	220	198	310	245	±130
$\phi75$	1230	130	115	235	208	328	260	±130
$\phi80$	1285	140	125	250	224	354	280	±130
$\phi85$	1340	148	130	265	235	372	295	±130
$\phi90$	1400	158	140	285	252	396	315	±130
$\phi95$	1495	165	145	295	262	414	330	±140
$\phi100$	1550	175	155	310	280	442	350	±140
$\phi105$	1600	179	160	320	288	456	360	±140
$\phi110$	1660	189	170	340	304	478	380	±140
$\phi115$	1735	198	175	350	318	502	395	±150
$\phi120$	1790	208	190	370	332	524	415	±150
$\phi125$	1840	213	195	385	340	536	425	±150
$\phi130$	1895	219	200	395	352	556	440	±150
$\phi135$	1945	228	205	405	368	580	455	±150
$\phi140$	2005	238	210	420	382	602	475	±150

数据来源：1. 巨力索具股份有限公司
　　　　　2. 广东坚朗股份五金制品有限公司
　　　　　3. 柳州欧维姆机械股份有限公司

热铸双耳固定式锚具尺寸参数（mm）　　　　表 B. 0. 1-2

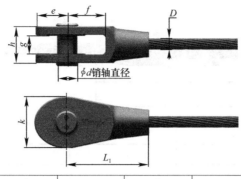

D	L₁	d	g	h	e	k	f
φ20	155	37	34	70	60	94	75
φ22	165	41	36	76	65	102	80
φ24	185	44	40	82	70	112	90
φ26	195	47	42	86	75	120	95
φ28	210	49	44	90	80	125	100
φ30	225	55	50	100	90	140	110
φ32	240	56	50	105	90	140	115
φ36	270	65	55	115	104	162	130
φ40	300	73	65	135	115	182	145
φ44	330	78	70	145	124	195	160
φ48	355	84	75	155	134	210	170
φ50	370	89	80	165	142	222	180
φ55	405	97	90	180	155	242	195
φ60	435	105	95	190	168	264	210
φ65	475	115	105	210	182	286	230
φ70	510	123	110	220	198	310	245
φ75	545	130	115	235	208	328	260
φ80	585	140	125	250	224	354	280
φ85	615	148	130	265	235	372	295
φ90	655	158	140	285	252	396	315
φ95	690	165	145	295	262	414	330
φ100	725	175	155	310	280	442	350
φ105	755	179	160	320	288	456	360
φ110	795	189	170	340	304	478	380
φ115	830	198	175	350	318	502	395
φ120	865	208	190	370	332	524	415
φ125	895	213	195	385	340	536	425
φ130	930	219	200	395	352	556	440
φ135	960	228	205	405	368	580	455
φ140	1000	238	210	420	382	602	475

数据来源：1. 巨力索具股份有限公司
　　　　　2. 广东坚朗股份五金制品有限公司
　　　　　3. 柳州欧维姆机械股份有限公司

热铸螺杆调节式锚具尺寸参数（mm）　　　　表 B.0.1-3

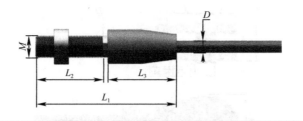

D	L_1	L_2	L_3	M
$\phi20$	265	130	115	$M36\times4$
$\phi22$	280	135	125	$M39\times4$
$\phi24$	310	150	140	$M45\times4.5$
$\phi26$	325	155	150	$M48\times5$
$\phi28$	343	160	163	$M52\times5$
$\phi30$	364	170	174	$M56\times5.5$
$\phi32$	380	180	180	$M56\times5.5$
$\phi36$	442	220	202	$M64\times6$
$\phi40$	490	240	230	$M75\times6$
$\phi44$	535	265	250	$M80\times6$
$\phi48$	590	300	270	$M85\times6$
$\phi50$	600	300	280	$M90\times6$
$\phi55$	665	340	305	$M95\times6$
$\phi60$	720	365	335	$Tr105\times8$
$\phi65$	750	370	360	$Tr115\times8$
$\phi70$	800	380	390	$Tr125\times8$
$\phi75$	850	405	415	$Tr130\times8$
$\phi80$	875	405	440	$Tr140\times8$
$\phi85$	925	425	470	$Tr150\times10$
$\phi90$	970	440	500	$Tr160\times10$
$\phi95$	1015	445	530	$Tr170\times10$
$\phi100$	1065	470	555	$Tr180\times10$
$\phi105$	1110	485	585	$Tr190\times10$
$\phi110$	1150	495	615	$Tr200\times12$
$\phi115$	1195	510	635	$Tr200\times12$
$\phi120$	1260	550	660	$Tr210\times12$
$\phi125$	1320	580	690	$Tr220\times12$
$\phi130$	1370	600	720	$Tr230\times12$
$\phi135$	1395	600	745	$Tr240\times12$
$\phi140$	1435	610	775	$Tr250\times12$

数据来源：1. 巨力索具股份有限公司
2. 广东坚朗股份五金制品有限公司
3. 柳州欧维姆机械股份有限公司

索-索螺杆调节式锚具尺寸参数（mm） 表 B.0.1-4

D	L_1	L_2	d	调节量
ϕ20	460	185	60	±70
ϕ22	480	195	65	±70
ϕ24	510	210	70	±70
ϕ26	560	230	75	±80
ϕ28	586	243	80	±80
ϕ30	608	254	90	±80
ϕ32	650	270	95	±90
ϕ36	694	292	100	±90
ϕ40	750	320	115	±90
ϕ44	850	360	125	±110
ϕ48	890	380	135	±110
ϕ50	910	390	145	±110
ϕ55	960	415	150	±110
ϕ60	1020	445	165	±110
ϕ65	1130	490	180	±130
ϕ70	1200	520	195	±130
ϕ75	1250	545	205	±130
ϕ80	1300	570	220	±130
ϕ85	1360	600	230	±130
ϕ90	1420	630	250	±130
ϕ95	1520	670	260	±140
ϕ100	1570	695	275	±140
ϕ105	1630	725	290	±140
ϕ110	1690	755	310	±140
ϕ115	1770	785	315	±150
ϕ120	1820	810	325	±150
ϕ125	1880	840	340	±150
ϕ130	1940	870	350	±150
ϕ135	1990	895	365	±150
ϕ140	2050	925	380	±150

数据来源：1. 巨力索具股份有限公司
2. 广东坚朗股份五金制品有限公司
3. 柳州欧维姆机械股份有限公司

B.0.2 压制锚具常规尺寸参数见表 B.0.2-1～表 B.0.2-3。

压制双耳调节式锚具尺寸参数（mm）　　　　　　　　　　表 B.0.2-1

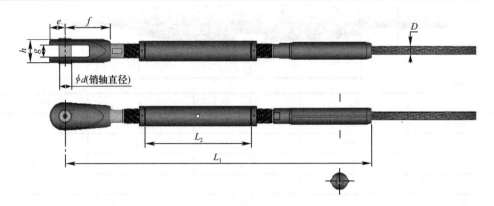

D	L_1	L_2	d	g	h	e	f	调节量
φ12	530	200	19.5	18	35	26	40	±60
φ14	585	220	22.5	20	40	28	45	±65
φ16	655	240	27.5	24	46	33	55	±70
φ18	695	250	29.5	26	50	35	60	±70
φ20	775	280	31.5	30	58	39	65	±75
φ22	820	290	34.5	32	62	43	70	±80
φ24	905	315	41.5	34	66	49	85	±85
φ26	965	335	44.5	36	70	53	90	±90
φ28	1020	355	47.5	38	72	58	95	±95
φ30	1085	375	52.5	42	78	60	105	±100

数据来源：1. 巨力索具股份有限公司
　　　　　2. 广东坚朗股份五金制品有限公司
　　　　　3. 柳州欧维姆机械股份有限公司

压制双耳固定式锚具尺寸参数（mm）　　　　　　　　　　表 B.0.2-2

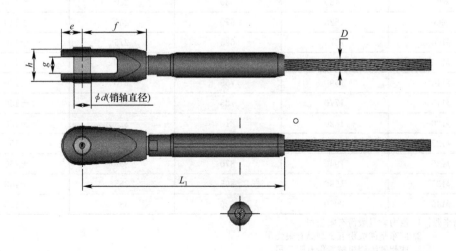

D	L_1	d	g	h	e	f
$\phi12$	225	19.5	18	35	26	40
$\phi14$	255	22.5	20	40	28	45
$\phi16$	295	27.5	24	46	33	55
$\phi18$	325	29.5	26	50	35	60
$\phi20$	355	31.5	30	58	39	65
$\phi22$	385	34.5	32	62	43	70
$\phi24$	435	41.5	34	66	49	85
$\phi26$	465	44.5	36	70	53	90
$\phi28$	495	47.5	38	72	58	95
$\phi30$	530	52.5	42	78	60	105

数据来源：1. 巨力索具股份有限公司
2. 广东坚朗股份五金制品有限公司
3. 柳州欧维姆机械股份有限公司

压制螺杆调节式锚具尺寸参数（mm）　　　　　　　**表 B.0.2-3**

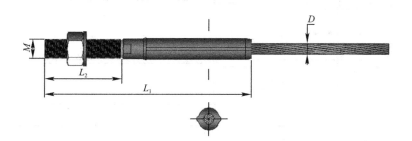

D	L_1	L_2	M
$\phi12$	255	105	M24
$\phi14$	285	115	M27
$\phi16$	320	125	M30
$\phi18$	345	130	M33
$\phi20$	380	145	M36
$\phi22$	410	155	M39
$\phi24$	450	165	M45
$\phi26$	480	175	M48
$\phi28$	510	185	M52
$\phi30$	540	195	M52

数据来源：1. 巨力索具股份有限公司
2. 广东坚朗股份五金制品有限公司
3. 柳州欧维姆机械股份有限公司

B.0.3 常用不锈钢拉索锚具尺寸参数见表 B.0.3-1～表 B.0.3-3。

不锈钢拉索压制双耳调节式及固定式锚具尺寸参数（mm）　　表 B. 0. 3-1

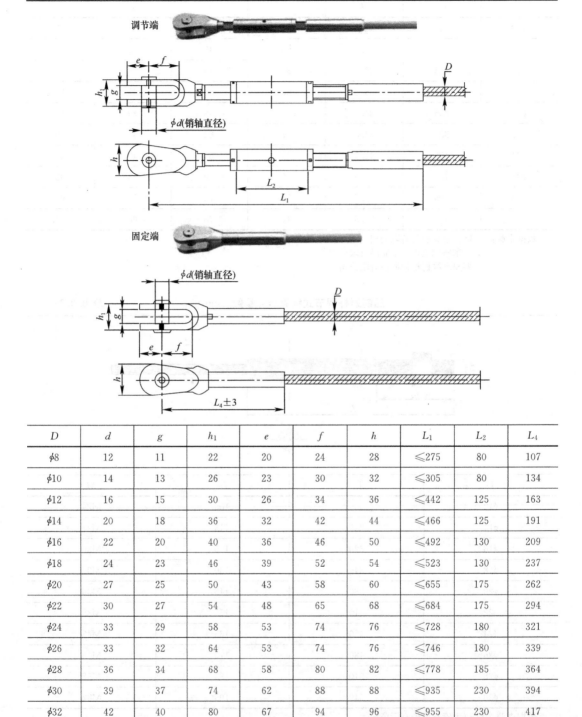

D	d	g	h_1	e	f	h	L_1	L_2	L_4
$\phi 8$	12	11	22	20	24	28	≤275	80	107
$\phi 10$	14	13	26	23	30	32	≤305	80	134
$\phi 12$	16	15	30	26	34	36	≤442	125	163
$\phi 14$	20	18	36	32	42	44	≤466	125	191
$\phi 16$	22	20	40	36	46	50	≤492	130	209
$\phi 18$	24	23	46	39	52	54	≤523	130	237
$\phi 20$	27	25	50	43	58	60	≤655	175	262
$\phi 22$	30	27	54	48	65	68	≤684	175	294
$\phi 24$	33	29	58	53	74	76	≤728	180	321
$\phi 26$	33	32	64	53	74	76	≤746	180	339
$\phi 28$	36	34	68	58	80	82	≤778	185	364
$\phi 30$	39	37	74	62	88	88	≤935	230	394
$\phi 32$	42	40	80	67	94	96	≤955	230	417
$\phi 34$	45	42	84	72	100	102	≤992	235	442
$\phi 36$	50	45	90	77	106	110	≤1016	235	464

数据来源：1. 巨力索具股份有限公司
　　　　　2. 广东坚朗股份五金制品有限公司

不锈钢拉索压制螺杆和套筒调节式锚具尺寸参数（mm）　　表 B. 0. 3-2

球铰调节端C01

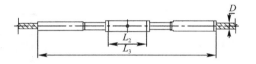

注：球铰支座材质为碳钢。

中间调节套M01

D	M	L	L_5	D_1	H	L_2	L_3
$\phi8$	M12	158	90	55	38	80	≤304
$\phi10$	M16	178	92	55	42	80	≤342
$\phi12$	M18×2	228	119	65	48	125	≤497
$\phi14$	M20×2	250	124	70	53	125	≤523
$\phi16$	M22×2	270	132	70	57	130	≤552
$\phi18$	M24×2	294	140	70	60	130	≤596
$\phi20$	M27×2	350	177	85	67	175	≤736
$\phi22$	M30×2	378	187	100	74	175	≤773
$\phi24$	M33×2	398	190	100	78	180	≤819
$\phi26$	M33×2	413	190	100	78	180	≤855
$\phi28$	M36×3	453	212	115	86	185	≤893
$\phi30$	M39×3	502	245	115	90	230	≤1061
$\phi32$	M42×3	528	255	130	98	230	≤1084
$\phi34$	M45×3	553	263	140	107	235	≤1124
$\phi36$	M48×3	573	268	140	108	235	≤1163

数据来源：1. 巨力索具股份有限公司
　　　　　2. 广东坚朗股份五金制品有限公司

不锈钢拉索热铸双耳调节式和固定式锚具尺寸参数（mm）　　表 B. 0. 3-3

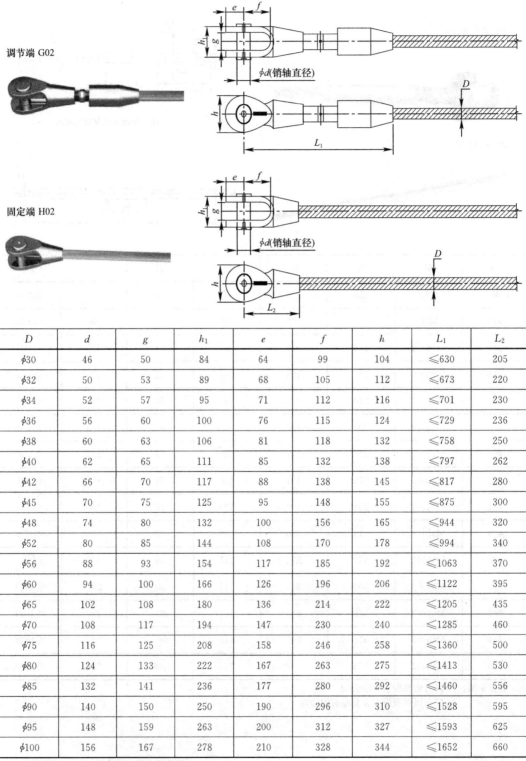

D	d	g	h_1	e	f	h	L_1	L_2
ϕ30	46	50	84	64	99	104	≤630	205
ϕ32	50	53	89	68	105	112	≤673	220
ϕ34	52	57	95	71	112	116	≤701	230
ϕ36	56	60	100	76	115	124	≤729	236
ϕ38	60	63	106	81	118	132	≤758	250
ϕ40	62	65	111	85	132	138	≤797	262
ϕ42	66	70	117	88	138	145	≤817	280
ϕ45	70	75	125	95	148	155	≤875	300
ϕ48	74	80	132	100	156	165	≤944	320
ϕ52	80	85	144	108	170	178	≤994	340
ϕ56	88	93	154	117	185	192	≤1063	370
ϕ60	94	100	166	126	196	206	≤1122	395
ϕ65	102	108	180	136	214	222	≤1205	435
ϕ70	108	117	194	147	230	240	≤1285	460
ϕ75	116	125	208	158	246	258	≤1360	500
ϕ80	124	133	222	167	263	275	≤1413	530
ϕ85	132	141	236	177	280	292	≤1460	556
ϕ90	140	150	250	190	296	310	≤1528	595
ϕ95	148	159	263	200	312	327	≤1593	625
ϕ100	156	167	278	210	328	344	≤1652	660

数据来源：1. 巨力索具股份有限公司
　　　　　2. 广东坚朗股份五金制品有限公司

B.0.4　常用钢绞线拉索整束挤压锚具尺寸参数见表 B.0.4-1 和表 B.0.4-2。

UU 型拉索整束挤压锚具尺寸参数（mm）　　　　　　　　　　表 B.0.4-1

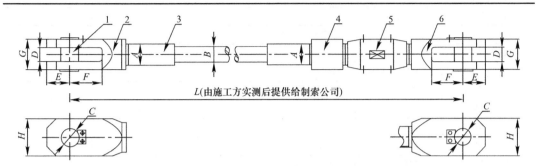

1—销轴；2—固定端叉耳；3—锚索；4—连接头；5—调节筒；6—调节端叉耳

拉索型号	A	B	C	D	E	F	G	H
GJ15UU-3	62	$\phi50$	$\phi50$	45	65	195	90	120
GJ15UU-4	72	$\phi54$	$\phi60$	50	80	190	100	130
GJ15UU-5	80	$\phi65$	$\phi80$	55	110	190	120	175
GJ15UU-6	80	$\phi65$	$\phi80$	55	110	190	120	175
GJ15UU-7	80	$\phi65$	$\phi80$	55	110	190	120	175
GJ15UU-9	115	$\phi85$	$\phi90$	75	115	200	150	175
GJ15UU-12	120	$\phi85$	$\phi100$	90	125	225	180	210
GJ15UU-15	140	$\phi105$	$\phi110$	100	155	265	200	230
GJ15UU-19	150	$\phi105$	$\phi120$	110	155	265	220	265
GJ15UU-22	160	$\phi117$	$\phi130$	115	165	280	235	285
GJ15UU-25	175	$\phi126$	$\phi150$	120	175	320	250	320
GJ15UU-27	175	$\phi126$	$\phi150$	120	175	320	250	320
GJ15UU-31	200	$\phi130$	$\phi160$	130	190	350	270	340
GJ15UU-37	208	$\phi145$	$\phi175$	140	210	380	290	380

数据来源：柳州欧维姆机械股份有限公司

UM 型拉索整束挤压锚具尺寸参数（mm）　　　　　　　　　　表 B.0.4-2

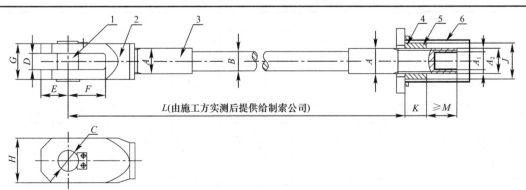

1—销轴；2—固定端叉耳；3—锚索；4—球形支座；5—球形螺母；6—保护罩

续表

拉索型号	A1	A2	J	K	M
GJ15UM-3	M45×3	Tr62×4	φ95	60	55
GJ15UM-4	M52×4	Tr72×4	φ105	60	60
GJ15UM-5	M60×4	Tr80×4	φ115	70	80
GJ15UM-6	M60×4	Tr80×4	φ115	70	80
GJ15UM-7	M60×4	Tr80×4	φ115	70	80
GJ15UM-9	M84×6	Tr115×12	φ180	116	95
GJ15UM-12	M84×6	Tr115×12	φ180	116	95
GJ15UM-15	M105×8	Tr140×12	φ200	128	125
GJ15UM-19	M105×8	Tr140×12	φ200	128	125
GJ15UM-22	M122×8	Tr160×12	φ240	150	145
GJ15UM-25	M124×8	Tr160×12	φ240	150	145
GJ15UM-27	M124×8	Tr160×12	φ240	150	145
GJ15UM-31	M132×10	Tr200×14	φ280	200	160
GJ15UM-37	M142×10	Tr200×14	φ280	200	160

数据来源：柳州欧维姆机械股份有限公司

B.0.5 常用冷铸镦头拉索锚具尺寸参数见表 B.0.5-1 和表 B.0.5-2。

φ5mm 冷铸镦头拉索锚具尺寸参数（mm）表 B.0.5-1

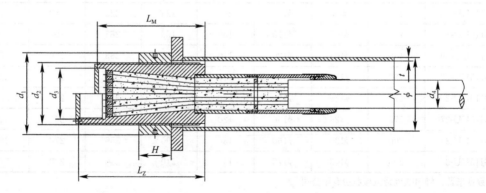

规格	L_Z	L_M	H	d_1	d_2	d_3	d_4	$\phi \times t$
5×55	300	300	70	170	Tr135×6	Tr105×5	55	152×4.5
5×61	300	300	70	180	Tr140×6	Tr110×5	59	159×4.5
5×73	300	300	90	190	Tr150×8	Tr115×6	63	168×5
5×85	335	335	90	210	Tr165×8	Tr125×6	65	194×9
5×91	335	335	90	210	Tr165×8	Tr125×6	69	194×9
5×109	340	290	90	225	Tr175×8	Tr135×6	72	194×5
5×121	355	300	90	235	Tr185×8	Tr140×6	75	219×10
5×127	365	300	90	235	Tr185×8	Tr140×8	79	219×10
5×139	365	300	90	250	Tr195×8	Tr145×8	82	219×6
5×151	380	310	90	255	Tr200×8	Tr150×8	83	219×6

数据来源：巨力索具股份有限公司

φ7mm 冷铸镦头拉索锚具尺寸参数（mm）　　　　表 B.0.5-2

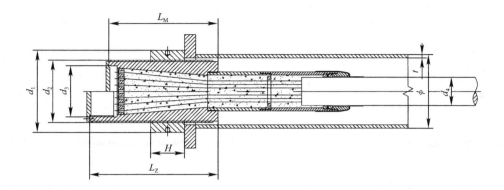

规格	L_Z	L_M	H	d_1	d_2	d_3	d_4	$\phi \times t$
7×55	350	295	90	220	Tr175×8	Tr130×8	72	194×5
7×61	360	295	90	230	Tr180×8	Tr135×4	77	203×6
7×73	370	295	90	250	Tr190×8	Tr140×8	82	219×6
7×85	410	325	110	270	Tr205×10	Tr150×8	87	245×12
7×91	410	325	110	275	Tr210×10	Tr155×8	93	245×10
7×109	430	335	110	295	Tr225×10	Tr165×10	97	273×15
7×121	450	345	135	310	Tr240×12	Tr175×10	103	273×8
7×127	450	340	135	320	Tr245×12	Tr180×10	109	273×7
7×139	460	335	135	325	Tr250×12	Tr180×12	111	273×6.5
7×151	480	355	135	340	Tr265×12	Tr190×12	113	299×9
7×163	510	375	135	350	Tr270×12	Tr195×12	118	299×7.5
7×187	520	375	155	375	Tr285×12	Tr205×12	125	325×12
7×199	540	395	155	385	Tr300×14	Tr215×14	128	325×7.5
7×211	555	390	180	400	Tr310×14	Tr220×14	133	351×13
7×223	575	410	180	405	Tr315×14	Tr225×14	137	351×10
7×241	585	415	180	425	Tr330×16	Tr235×16	139	377×15
7×253	595	425	180	435	Tr335×16	Tr240×16	143	377×13
7×265	610	425	200	445	Tr345×16	Tr245×16	148	377×9
7×283	635	445	200	450	Tr345×18	Tr245×18	151	377×9
7×301	645	450	200	470	Tr360×18	Tr255×18	155	402×12
7×313	655	460	200	470	Tr365×18	Tr260×18	158	402×11
7×337	695	480	220	495	Tr385×20	Tr270×18	164	426×12
7×349	710	495	220	500	Tr385×20	Tr270×20	166	426×12
7×367	715	500	220	510	Tr390×20	Tr275×20	171	426×10
7×379	725	510	220	520	Tr400×20	Tr280×20	174	450×15
7×409	755	510	245	540	Tr415×22	Tr290×22	180	450×10
7×421	775	530	245	545	Tr420×22	Tr295×22	181	465×12

数据来源：巨力索具股份有限公司

B.0.6 常用 UU 型钢拉杆锚具尺寸参数见表 B.0.6。

UU 型钢拉杆锚具尺寸参数（mm） 表 B.0.6

D	e	f	g	h	d	k	单边调节量
φ16	27	35	16	33	15.5	47	±10
φ20	33	45	20	42	19.5	57	±10
φ25	40	54	25	53	24.5	69	±10
φ30	49	70	30	63	29.5	86	±12
φ35	55	80	35	74	34.5	96	±13
φ40	62	90	40	82	39.5	108	±13
φ45	71	105	45	92	44.5	123	±14
φ50	78	115	50	102	49.5	136	±17
φ55	86	125	55	112	54.5	150	±17
φ60	92	130	60	123	59.5	160	±17
φ65	99	145	65	133	64.5	173	±20
φ70	105	154	70	142	69	175	±20
φ75	112	165	75	152	74	188	±20
φ80	120	176	80	162	79	200	±20
φ85	128	187	85	173	84	213	±22
φ90	136	198	90	182	89	225	±22
φ95	143	209	95	193	94	238	±24
φ100	151	220	100	202	99	250	±24
φ105	159	231	105	213	104	263	±25
φ110	167	242	110	222	109	275	±28
φ115	174	253	115	233	114	288	±28
φ120	180	260	120	230	119	308	±28
φ125	188	270	125	240	124	330	±30
φ130	195	280	130	250	129	338	±30
φ135	203	290	135	260	134	352	±30
φ140	210	300	140	270	139	360	±35
φ145	218	310	145	280	144	376	±35
φ150	225	320	150	290	149	386	±35
φ155	233	330	155	300	154	398	±37
φ160	240	340	160	310	159	410	±37
φ165	248	350	165	320	164	424	±40
φ170	255	360	170	330	169	444	±40

续表

D	e	f	g	h	d	k	单边调节量
φ175	264	370	175	340	174	456	±42
φ180	270	380	180	350	179	464	±42
φ185	278	390	185	360	184	482	±45
φ190	285	400	190	370	189	494	±45
φ195	294	410	195	380	194	508	±45
φ200	300	423	200	380	199	510	±45
φ210	308	440	210	410	209	515	±50
φ220	315	450	220	425	219	525	±50
φ230	320	460	230	445	229	550	±50
φ240	328	470	240	465	239	575	±50
φ250	335	480	250	485	249	600	±50

数据来源： 1. 巨力索具股份有限公司
        2. 广东坚朗股份五金制品有限公司
        3. 柳州欧维姆机械股份有限公司